简明自然科学向导丛书

矿产资源

主　编　田京祥

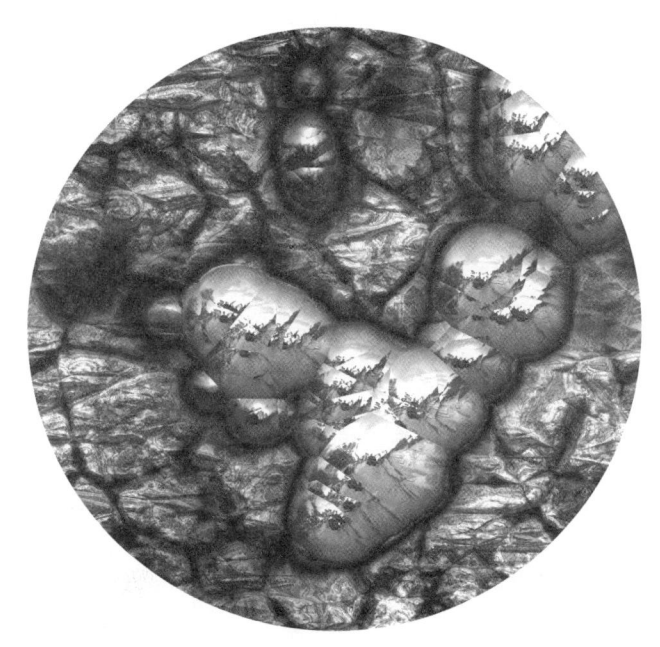

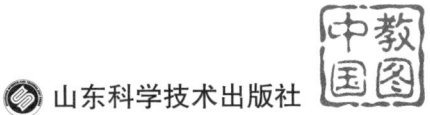

山东科学技术出版社

主　编　田京祥

副主编　王来明　王世进

编　者　田京祥　王来明　王世进　王存龙
　　　　战金成　李秀章　刘汉栋　祝德成

前 言

进入21世纪,资源、环境、人口问题越来越成为人们关注的热点。资源,尤其是矿产资源,也越来越受到人们的重视。

为了普及人们关于自然科学尤其是矿冶学科的知识,提高广大民众的自身素质,山东省地质调查院组织专家编写了《简明自然科学向导丛书》之《矿产资源》一书。

本书概括了矿冶学科的科普知识,分为三大部分:矿产资源勘查部分,主要介绍了我国矿产资源概况,找矿方法——地质填图法、砾石找矿法、重砂找矿法、地球化学找矿法、地球物理找矿法、遥感地质法等,矿产资源评价等有关知识;矿产资源开采部分,主要介绍了开采基础理论、采矿方法,金属矿产、煤炭、石油、地热及其他矿产开采技术的有关知识;矿产资源的提炼加工部分,主要介绍了各种选矿方法,贵金属矿产、有色金属、有色重金属、有色轻金属、稀有金属、黑色金属、煤和石油的提炼加工等有关知识。

本书以词条的形式编写,共收录了近300个词条。在词条选择上,坚持基础理论与应用技术并重、专业需求与科学普及相结合的原则,努力反映我国几十年来地质科学发展的新成就,在体现权威性、科学性、知识性的同时,深入浅出、通俗易懂,具有科普读物的可读性和趣味性。本书内容涵盖面广,根据矿冶学科不同的各个领域和环节很容易地查找需要了解的知识点,每个词条都有较完整的简述,整书系统、全面地讲述了矿冶工业知识,适用于公众科普教育。

通过对本书各词条的学习,您可以了解矿冶学科,熟悉矿冶工业的生产,掌握矿产资源的具体知识,特别是在日常生产与生活应用中能够较好地运用这些知识,更好地为生产和生活服务。

本书适合广大读者了解矿产资源的有关知识,提高自身综合素质,更加珍惜和保护矿产资源,尤其适合矿冶领域的有关人员熟悉掌握矿产资源勘查、开采和提炼加工各环节的知识,并服务于生产实践,推动我国矿冶工业的快速发展。

本书在编写过程中,参考了《找矿勘探地质学》《采矿学》《贵金属冶金学》《有色金属冶金材料再生与环保》《煤的综合利用基础知识问答》等书籍,对有关作者表示衷心的感谢。

限于编写人员的水平,本书辞条有许多不足甚至错误之处,我们恳切希望广大读者提出宝贵的意见,以便今后不断修改完善。

编　者

目录

CONTENTS

一、矿产资源勘查

矿产资源概述 /1
 矿产资源的概念 /1
 矿产资源的分类 /1
 中国矿产资源在世界上的地位 /3
 优势矿产资源和劣势矿产资源 /3
 中国矿产资源的基本特点 /3

找矿方法 /5
 找矿地质条件 /5
 怎样找矿——找矿方法问题 /5
 在哪里找矿——成矿预测 /6
 普查找矿 /6
 地质填图法找矿 /7
 砾石法找矿 /7
 重砂法找矿 /8

找矿标志 /8
 什么样的地方有矿——找矿标志 /8
 地质找矿标志 /9
 生物找矿标志 /9
 人工找矿标志 /10
 地球物理找矿标志 /10

地球物理勘查 /11
 地球物理勘查的概念 /11

航空地球物理勘查/11

钻井地球物理勘查/12

磁法测量/12

地球磁场/13

地面磁异常与成矿/14

航空磁法测量/16

磁异常的地质解释推断/16

判断矿与非矿的磁异常/17

地面磁法测量/17

重力测量/18

重力异常的地质解释/18

电法测量/19

航空电磁法测量/20

大地电磁测深法测量/21

一种非常有效的找矿方法——激发极化法测量/21

电阻率法测量/22

电磁法测量/22

甚低频电磁法测量/23

井中电测/23

瞬变电磁法测量/24

先进的电法测量——电导率成像系统/24

高密度电阻率法测量/25

自然电场法测量/26

放射性测量/26

航空γ能谱测量/27

地面γ能谱测量/27

地质雷达测量/28

地震勘查/28

地球化学探矿/29
地球化学找矿法/29
岩石地球化学测量/30
原生晕/30
土壤地球化学测量/32
次生晕/32
水系沉积物测量/33
利用气体探矿——地气探矿法/33

遥感探矿/34
遥感地质找矿法/34
遥感找矿标志/34

地质方法探矿/35
找矿方法的综合应用/35
地表发现矿化线索后怎么办——矿点检查/35
寻找评价盲矿体/36
矿产勘查/36
矿产资源预查/37
普查/38
详查/39
勘探/39
探矿工程的类型/40
钻探的施工/40
地下钻探/41
机械岩芯钻探/41
海上钻探/41
槽探/42
坑探工程的施工/42
矿产取样/44

矿产取样的种类/44

矿产取样的方法/46

化学样品的加工与化验种类/49

油气田勘探/49

煤田勘探/50

煤田预测/50

煤层取样/50

与煤共生的其他有益矿产的评价/51

地热/52

地热勘查/52

矿产资源的评价/54

矿产地/54

矿床、矿田、矿带/54

成矿物质来源于上地幔硅镁质岩浆的矿床/55

成矿物质来源于硅铝层重熔—再熔混合岩浆的矿床/56

成矿物质来源于上部地壳岩（矿）石的矿床/57

成矿物质来源于地表岩石的矿床/58

成矿物质来源于宇宙陨石的矿床/59

矿床评价/59

矿产综合评价/60

矿产工业指标/60

品位/60

边界品位/61

工业品位/61

共生伴生矿产/61

矿体圈定/62

矿体与夹石/62

资源/储量/62

固体矿产资源/储量分类/63

固体矿产资源/储量估算方法/63

矿床开采技术条件的研究/64

矿区水文地质勘查/65

矿床的可行性评价工作/66

矿产勘查中计算机的应用现状/67

二、矿产资源开采

矿产资源开采理论/69

采矿学/69

矿山测量学/70

矿山地质学/71

矿产资源开采基础/71

矿山/71

矿山建设/72

矿山地质工作的目的/72

生产勘探/73

井田及其开拓/73

矿量能够增加/74

储量分类/75

保有储量/75

储量报销/76

生产矿量/76

矿山的寿命/77

矿产资源的综合利用/78

矿石质量管理/79

矿石损失/79

矿石贫化/80

安全矿柱/80

矿床开拓/80

矿山压力及采场地压管理的基本方法/81

采空区的处理/82

矿房已充填时矿柱的回采/82

松散系数/83

矿石块度/83

采矿程序/84

矿山的开采顺序/84

开采境界/86

采矿水平/86

采场运搬/87

矿山坑道/87

矿井/88

剥离/89

掘进/89

冲击式凿岩理论/89

采矿品位/90

复合矿石/91

采矿方法/91

矿山类型与采矿方法/91

露天采矿方法/92

地下采矿方法/93

海洋采矿方法/94

金属矿产开采技术/94

空场采矿技术/94

房柱采矿技术/95

留矿采矿技术/96

分段采矿技术/96

阶段矿房采矿技术/97

单层崩落采矿技术/98

分层崩落采矿技术/98

无底柱分段崩落采矿技术/99

有底柱分段崩落采矿技术/100

阶段崩落采矿技术/100

阶段自然崩落法采矿技术/101

充填采矿技术/101

露开砂矿水力开采技术/102

原地浸出采矿技术/102

海底锰结核开采技术/103

煤炭开采技术/104

特殊凿井技术/104

岩巷支护技术/105

"三下"采煤技术/105

煤矿避险技术/108

洁净煤技术/110

煤炭地下气化技术/110

欲向海底淘金——海底采煤技术/111

矿井杀手——瓦斯的危害/111

石油开采技术/112

工业的血液——石油/112

油气田的开发设计/113

试油/113

油层压力/114

油藏驱动/114

分层配产配注/115

采收率/116
二次采油/116
三次采油/117
自喷采矿法/117
气举采矿法/119
油气增产技术/119
注水工艺技术/120
注气工艺技术/121
井喷及其危害/121
压井的目的和方法/122
可燃冰开采的利弊/122
油气集输/124
原油输送途径/126
地热开采技术/127
地热井/127
地热井的井口装置/128
集中供热技术/128
地热梯级开发技术/129
地热水回灌技术/129
其他矿产开采技术/130
化学采矿/130
盐类矿水溶开采技术/130
石材荒料开采技术/131

三、矿产资源的提炼加工

选矿方法/132
矿产资源的综合利用/132
选矿的目的和方法/132

选矿过程/133

重力选矿/133

磁力选矿/133

电力选矿/134

化学选矿/134

浮游选矿/134

选矿的其他方法/134

贵金属矿产提炼加工/135

金银的性质和用途/135

金、银矿物资源的形成/135

从矿石中提取金、银的工艺流程/136

氰化物法提取金/136

非氰浸金技术/137

混汞法提金/137

炭浆法提金/137

树脂矿浆法提金/138

金银的提炼/138

贵金属二次资源的综合利用/139

有色金属冶炼工艺/140

有色金属的分类/140

有色金属的发展历史/141

有色金属冶炼/142

火法冶金/143

火法冶金流程中的原料准备/144

焙烧是炉料准备的重要组成部分/144

熔炼/145

精炼/145

湿法冶金/146

浸出是湿法冶金的重要手段/146

固液分离/147

溶液净化的方法/148

从溶液中提取金属/149

电冶金/149

电化冶金/150

电热冶金/151

高纯金属制备技术/151

化学提纯/152

物理提纯/153

提纯方法的综合应用/154

有色重金属冶金/154

有色重金属概述/154

铜冶金/155

铅冶金/156

锌冶炼/157

镍冶金/158

钴冶金/159

锡冶金/159

锑冶金/160

汞冶金/161

铋冶金/161

镉冶金/162

有色轻金属冶金/162

铝冶金/162

镁冶金/164

稀有金属冶金/164

稀有高熔点金属冶金/164

稀有轻金属冶金/165

稀土金属冶金/165

稀散金属冶金/166

黑色金属冶金/166

黑色金属概述/166

我国钢铁冶炼的历史/167

高炉炼铁的工艺流程/167

高炉生产的特点/168

高炉生产的产品和副产品/169

高炉常用的铁矿石/169

熔剂在高炉冶炼中的作用/170

焦炭在高炉生产中的作用和要求/171

烧结生产与球团矿生产的区别/172

生铁形成过程中的渗碳反应/172

高炉炉渣的形成及其在高炉冶炼过程中的作用/173

炉渣脱硫能力的影响因素/174

高炉强化冶炼/174

炼钢的基本任务/174

钢的分类/175

炼钢用的原材料/176

电炉炼钢冶炼工艺/176

煤的洗选加工/177

原煤的洗选加工/177

利用煤与矸石的物理性质差别选煤/178

洗煤及其主要产品和副产品/178

洗选炼焦用煤的基本工艺/179

煤炼焦的基本过程/179

煤在高温干馏过程中获得的主要产品/180

煤的氧化和自燃/180

焦炭的分类/180

我国炼焦炉的发展阶段/181

煤的气化/181

煤的气化工艺发展方向/182

煤的液化/182

煤液化的方法/183

煤的综合利用/183

煤层中瓦斯和煤成气田的形成与开采利用/184

煤灰渣(粉煤灰)的综合利用/185

石油的加工炼制/185

石油的加工历史/185

原油的输送工艺/186

石油的加工/187

石油常减压精馏加工工艺/188

石油催化裂化加工工艺/189

石油的热加工工艺/190

石油的催化加氢工艺/191

石油制品的种类及用途/191

石油化工产品/192

合成树脂、合成纤维与合成橡胶的生产/193

一、矿产资源勘查

矿产资源概述

矿产资源的概念

矿产资源是赋存于地表或地下的，呈固态、液态或气态的地质作用产物，包括能被人们利用的地表或地下矿物、矿石、油气、水等。矿产资源具有不可再生性，因而要十分珍惜和保护矿产资源。

按照通常的分类，矿产资源分为能源矿产、金属矿产、非金属矿产和水气矿产。

在我国，矿产资源归国家所有，地表或者地下的矿产资源的国家所有权，不因其所依附的土地的所有权或者使用权的不同而改变。

国务院代表国家行使矿产资源的所有权。国务院授权其下属的国土资源主管部门对全国矿产资源分配实施统一管理。

矿产资源的分类

我国现行的《矿产资源法实施细则》将矿产资源按用途、物理性质和化学性质等分为四类，即能源矿产、金属矿产、非金属矿产、水气矿产，共计168种。

能源矿产，11种：煤、煤层气、石煤、油页岩、石油、天然气、油砂、天然沥青、铀、钍、地热。

金属矿产，59种：铁、锰、铬、钒、钛、铜、铅、锌、铝土矿、镍、钴、钨、锡、铋、钼、汞、锑、镁、铂、钯、钌、锇、铱、铑、金、银、铌、钽、铍、锂、锆、锶、铷、镧、铈、镨、钕、钐、铕、钇、钆、铽、镝、钬、铒、铥、镱、镥、钪、锗、镓、铟、铊、铪、铼、镉、硒、碲。

非金属矿产，92种：金刚石、石墨、磷、自然硫、硫铁矿、钾盐、硼、水晶（压电水晶、熔炼水晶、光学水晶、工艺水晶）、刚玉、蓝晶石、硅线石、红柱石、硅灰石、钠硝石、滑石、石棉、蓝石棉、云母、长石、石榴子石、叶蜡石、透辉石、透闪石、蛭石、沸石、明矾石、芒硝（含钙芒硝）、石膏（含硬石膏）、重晶石、毒重石、天然碱、方解石、冰洲石、菱镁矿、萤石（普通萤石、光学萤石）、宝石、黄玉、玉石、电气石、玛瑙、颜料矿物（赭石、颜料黄土）、石灰岩（电石用灰岩、制碱用灰岩、化肥用灰岩、熔剂用灰岩、玻璃用灰岩、水泥用灰岩、建筑石料用灰岩、制灰用灰岩、饰面用灰岩）、泥灰岩、白垩、含钾岩石、白云岩（冶金用白云岩、化肥用白云岩、玻璃用白云岩、建筑用白云岩）、石英岩（冶金用石英岩、玻璃用石英岩、化肥用石英岩）、砂岩（冶金用砂岩、玻璃用砂岩、水泥配料用砂岩、砖瓦用砂岩、化肥用砂岩、铸型用砂岩、陶瓷用砂岩）、天然石英砂（玻璃用砂、铸型用砂、建筑用砂、水泥配料用砂、水泥标准砂、砖瓦用砂）、脉石英（冶金用脉石英、玻璃用脉石英）、粉石英、天然油石、含钾砂页岩、硅藻土、页岩（陶粒页岩、砖瓦用页岩、水泥配料用页岩）、高岭土、陶瓷土、耐火黏土、凹凸棒石黏土、海泡石黏土、伊利石黏土、累托石黏土、膨润土、铁矾土、其他黏土（铸型用黏土、砖瓦用黏土、陶粒用黏土、水泥配料用黏土、水泥配料红土、水泥配料用黄土、水泥配料用泥岩、保温材料用黏土）、橄榄岩（化肥用橄榄岩、建筑用橄榄岩）、蛇纹岩（化肥用蛇纹岩、熔剂用蛇纹岩、饰面用蛇纹岩）、玄武岩（铸石用玄武岩、岩棉用玄武岩）、辉绿岩（水泥用辉绿岩、铸石用辉绿岩、饰面用辉绿岩、建筑用辉绿岩）、安山岩（饰面用安山岩、建筑用安山岩、水泥混合材用安山玢岩）、闪长岩（水泥混合材用闪长玢岩、建筑用闪长岩）、花岗岩（建筑用花岗岩、饰面用花岗岩）、麦饭石、珍珠岩、黑曜岩、松脂岩、浮石、粗面岩（水泥用粗面岩、铸石用粗面岩）、霞石正长岩、凝灰岩（玻璃用凝灰岩、水泥用凝灰岩、建筑用凝灰岩）、火山灰、火山渣、大理岩（饰面用大理岩、建筑用大理岩、水泥用大理岩、玻璃用大理岩）、板岩（饰面用板岩、水泥配料用板岩）、片麻岩、角闪岩、泥炭、矿盐（湖盐、岩盐、天然卤水）、镁盐、碘、溴、砷。

水气矿产，6种：地下水、矿泉水、二氧化碳气、硫化氢气、氦气、氡气。

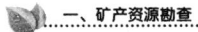
一、矿产资源勘查

中国矿产资源在世界上的地位

中国是一个矿产资源大国,不仅矿产种类多,资源总量丰富,而且配套程度较高,中国矿产资源在全球矿产资源构成中占有极其重要的地位。

我国已探明的矿产资源总量较大,约占世界总量的12%,但我国人均资源占有量在世界上的排名很低,名列第53位,是美国人均占有量的1/10,是俄罗斯人均占有量的1/8。有些矿产资源占世界总量的比重很大,如稀土矿产资源占世界总量的43%左右,钨矿储量占世界钨矿储量的45.7%左右,煤占世界总量的11%左右。

优势矿产资源和劣势矿产资源

地壳运动的不均衡性和地质构造活动的多期性和复杂性,造成全球各地的成矿地质条件不尽相同,世界各地形成的矿产种类、矿床的规模质量也不相同。每个国家在全球范围内都可能各有优势和劣势。中国也一样,在全球矿产资源构成中,部分矿产在世界上占有优势,但有相当数量的矿产具有明显劣势。

优势矿产:指储量居世界第一到第三位,并占世界储量基础的15%以上的矿产。主要包括稀土、钽、铌、钛、钒、钨、锡、钼、锑、锂、铍、煤、芒硝、镁、重晶石、膨润土、耐火黏土、石棉、萤石、滑石、石膏及石墨,共22种。

较丰富的矿产:指储量居世界的位次和占世界储量基础的比重这两个指标居中的矿产。有铁、铝土矿、铅、锌、汞、硫、硼、高岭土、珍珠岩及磷,共10种。

资源潜力较好,但保有储量不足的矿产:主要是石油、天然气、锰、铜、镍、金及银,共7种。

短缺矿产:储量居世界的位次和占世界储量基础的比重这两个指标都偏低,资源潜力不大,保有储量严重不足的矿产。主要是铬铁矿、铂族金属、钾盐、天然碱及金刚石,共5种。

中国矿产资源的基本特点

中国既是一个矿产资源大国,又是一个资源相对贫乏的国家;既有许多

优势矿产,又有短缺矿产。我国矿产资源具有以下几个方面的基本特点:

(1) 矿产资源总量丰富,人均资源相对不足。据统计,我国矿产保有探明储量在世界上占第三位,仅次于美国和前苏联。

我国人口众多,人均占有资源量少。有些重要矿产资源人均占有量较低,如石油人均拥有资源量仅为世界人均量的 35.4%,铁矿人均拥有资源量仅为世界的 34.8%。

(2) 矿产种类齐全配套,资源丰度不一。世界上已知的 168 种主要矿产,在我国均有发现,已探明储量的矿产多达 153 种。但是,各矿种之间的资源丰富程度相差甚大,有的矿产可以或基本可以满足国内建设需要,如铅、锌、汞、铌、铍、钒等;有的矿产不仅可以满足国内需要,还可长期出口,如钨、锡、锑、钼、钛、石墨、菱镁矿等;有的矿产不能满足国内建设需要,需要从国外进口,如石油、富铁矿、钾盐、铬矿、锰矿、金刚石、铜矿、天然碱等。

(3) 矿产质量贫富不均,贫矿多、富矿少。我国有一些矿产质量优、品位高,如稀土、钨、锡、锑、钼、铌、菱镁矿、石墨、滑石、石膏、盐等矿产,在世界上占有重要地位。但是,一些关系到国计民生和用量大的矿产,如铁、锰、铝土、铜、铅、锌、硫、磷等,则贫矿多、富矿少。

(4) 超大型矿床少,中小型矿床多。我国虽然也拥有一批世界级超大型矿床,如陕蒙交界地区的神府东胜煤田,内蒙古白云鄂博稀土矿,湖南柿竹园钨矿,江西德兴铜矿。但与国外比较,超大型矿床明显偏少。

(5) 共生伴生矿多,单矿种矿床少。我国的矿床中含单一成分的矿产少,共生伴生矿产多。如内蒙古白云鄂博铁矿中有稀土和稀有金属矿产与铁矿共生;甘肃金川镍矿中有铜、钴、铂及稀有分散元素矿产与镍矿共生。

(6) 地理分布极不均衡,矿产高度集中区和严重短缺区并存。由于地质成矿条件不同,我国矿产分布有明显的地域差异,如煤炭多集中于晋、陕、蒙三省区,而南方缺煤省区却多达 10 个;铁矿多集中于辽、冀、晋、川四省,而西北、华南地区却很少;磷矿高度集中于南方的云、贵、川、鄂四省,而北方和华东广大地区却十分短缺;铝矿则集中于晋、豫、黔、桂四省。矿产集中有利于建设原材料基地,但过分集中于边远地区,其开发利用就会受到交通条件的严重制约。

 一、矿产资源勘查

找矿方法

找矿地质条件

找矿地质条件或称找矿地质前提,是指在各种情况下直接和间接地指示可能发现各种矿床而必须具备的一些地质条件。

通过对找矿地质条件的研究,可以掌握成矿规律,从而指导找矿工作,它是找矿工作的基础。

找矿地质条件可分为岩浆岩、地质构造、地层、岩相—古地理、岩性、变质作用、风化和地貌以及地球化学等地质条件。它们对找矿工作所起的作用虽然不同,但互有联系。一个矿床的形成,往往是各种地质因素综合作用的结果。

怎样找矿——找矿方法问题

找矿方法是为了寻找矿产所采用的工作方法和技术措施的总称。它是一门既古老又现代的科学。说它古老是因为从远古人类就进行找矿活动,说它现代是因为找矿方法随着科学技术的发展不断发展,增加了许多现代科学技术方法。找矿方法多种多样,不同类型矿床有不同的找矿方法。

现在常用的找矿方法可分为地质方法、地球化学方法和地球物理方法三大类。地质方法包括地质填图法、砾石找矿法和重砂找矿法等;地球化学方法包括岩石、水系沉积物、土壤等地球化学测量等;地球物理方法包括磁法、电法、地震法、重力法、放射性法等。

矿床一般不是单纯用一种方法找到的,而是多种找矿方法综合应用的结果。地质工作者特别注重找矿方法的综合应用。

为了合理使用找矿方法,经济有效地进行找矿,必须认真做好找矿方法的选择。既要考虑矿体产出的地质环境、矿床类型、矿体特征,又要考虑地球物理与地球化学特征及自然地理景观等。

在哪里找矿——成矿预测

成矿预测是为了提高找矿的成效和预见性而进行的一项综合研究工作,是根据工作区内已有的地质、矿产、遥感和物化探等实际资料,提取工作区的成矿地质条件,阐明成矿规律,预测工作区内有可能发现矿产的地段,指出找矿方向、顺序和内容等,为找矿工作提供依据。成矿预测贯穿于找矿工作的全过程。

进行成矿预测要了解工作区的成矿地质条件、成矿规律和找矿标志。成矿地质条件包括岩浆岩条件、构造地质条件、地层条件、岩相—古地理条件、岩性条件、变质作用条件、风化条件、地貌条件、地球化学条件和大地构造条件等;成矿规律包括成矿的时间分布规律、空间分布规律和区域矿产共(伴)生规律等;找矿标志主要包括地质标志、生物标志、人工标志、地球物理标志等。

成矿预测一般采用逐步缩小包围圈的方式进行,工作程度由浅入深。开始是大区域性的预测,再是小区域性的预测,然后就是矿田预测、矿区预测、矿体预测。预测的准确程度直接关系到找矿的成败和找矿的成本,预测准确度高的地方可以减少找矿风险、周期、成本,提高找矿的命中率。

普查找矿

普查找矿又称找矿,简称普查或找矿,是在成矿地质条件有利的地区,运用必要的技术方法手段,发现矿体,并对工作区的地质特征、矿体做出评价。其任务包括:研究与矿产形成和分布关系密切的地质条件,预测可能存在矿产的有利地段;运用有效的技术手段和找矿方法,在有利的地段内进行找矿,并对发现的矿点或矿床进行初步的研究;阐明工作地区的矿产远景,为进一步勘查提供依据。

可以把找矿的基本问题概括为四点:找什么?到哪里去找?怎样找?找到之后怎么办?要解决这四个基本问题,就需要根据矿产资源战略形势分析确定找什么矿的问题;依据成矿地质条件、成矿规律和成矿预测,解决到哪里去找的问题;综合使用行之有效的各种找矿技术手段与方法,解决怎样去找的问题;通过地质经济评价,解决找到之后怎么办的问题。

地质填图法找矿

地质填图法是运用地质理论和有关方法，全面系统地进行综合性的地质矿产调查和研究，查明工作区的地层、岩石、构造与矿产的基本地质特征，研究成矿规律和各种找矿信息进行找矿。工作过程是将各种地质现象填绘到相应比例尺的地质图上，它是最基本的找矿方法。工作中注重填图质量。如果地质填图质量不高，重要地质特征未调查清楚，容易使找矿工作产生失误。

地质填图必须做好下列工作：

（1）做好地质填图的各项准备工作。收集和研究已有的各类地质资料，并对填图区进行现场踏勘。

（2）做好实测地质剖面。实测地质剖面是研究地层、岩体和构造的基础资料，是地质填图的前提。

（3）针对不同的地质情况和填图比例尺，采用不同的填图方法和手段。现在应用的主要填图方法有穿越法和追索法。

（4）统一岩石分类命名和地质描述。地质填图范围大，岩性复杂，如果岩石分类命名不统一，认识不一致，将造成同岩异名或同名异物的现象，给连图、岩相划分、地层层序建立和对比带来困难，影响填图质量。

（5）及时做好资料整理和综合研究工作。

砾石法找矿

砾石找矿法是根据矿体露头被风化后所产生的矿砾（或与矿化有关的岩石砾石），进行找矿的方法。

砾石找矿法按砾石的搬运方式可分为河流碎屑法和冰川漂砾法。该方法由来已久，因为方法简便，应用广泛，所以目前仍为基本的找矿方法之一。

河流碎屑法是以各级水系中的冲积砾石、岩块、粗砂为主要观测对象，从中发现矿砾或与矿化有关的岩石砾石，然后逆流而上进行追索、观察、研究。当遇到两条河流的汇合处，要判别含矿砾石的来源，一直逆流追索到砾石不再在河流中出现，直至发现含矿砾石发源的山坡，继而在山坡上布置比较密集的路线网，详细研究坡积、残积层，进而推断原生矿床的位置。

冰川漂砾法是以搬运的砾石、岩块为主要观察研究对象，其方法与河流碎屑法相似。

重砂法找矿

重砂法找矿又称重砂测量,是一种具有悠久历史的找矿方法,远在公元前两千年就用以淘取砂金。因为它方法简便,经济而有效,因此迄今仍为一种重要的找矿方法。山东的金刚石、吉林夹皮沟的金矿、江西赣南的钨矿、湖北广东等地的汞矿等,都是用重砂法首先发现的,而且很多是开采砂矿后发现原生矿的。

按照采样对象的不同,重砂法可分为自然重砂法和人工重砂法两种,现在主要应用自然重砂法找矿。

自然重砂法是区域地质调查中广泛使用的一种找矿方法。其过程是沿水系、山坡或海滨等,对疏松沉积物系统采集样品淘洗,通过重砂分析和研究,结合工作地区的地质、地貌条件和其他找矿标志,发现并圈出重砂异常,据此进一步追索发现矿床或砂矿床。野外取样工作与淘金差不多,一般用小型淘砂盘在水中淘洗砂土,轻矿物被淘洗掉,留下重矿物,从中挑选鉴定有用矿物及含量。重砂找矿法适用于水系发育的地区,主要用来寻找某些有色金属(钨、锡、铋、铅、锌等)、稀有及放射性元素(铌、钽、铍、锆、钇、钍等)、贵金属(金、铂、锇、铱等)以及铬、钛、金刚石等矿床。

找矿标志

什么样的地方有矿——找矿标志

找矿标志是指那些直接和间接指示矿产存在或可能存在的现象和线索,一般可分为直接找矿标志和间接找矿标志。前者如矿体露头、铁帽、矿砾、有用矿物重砂、采矿遗迹;后者如蚀变围岩、特殊颜色的岩石、特殊地形、特殊植物、地名、地球物理异常及某些历史资料等。注意发现和研究找矿标志,可以帮助我们有效而迅速地缩小找矿工作靶区发现矿床、矿体。

各种找矿标志具有共同特点:首先,它们都与矿产有密切的关系;其次,其目标和靶区明显而易于发现。例如各种分散晕、特殊的地形、围岩蚀变及

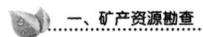
一、矿产资源勘查

围岩颜色等等各种信息,它们或是标志鲜明易为人或仪器所感受,或是显露的范围远较矿体出露面积大。因此,通过发现和研究找矿标志,便可进一步缩小靶区,最终找到矿体。

地质找矿标志

所谓地质找矿标志,就是从纯地质角度找矿的一些标志,主要有矿体的原生露头和氧化露头、铁帽、近矿围岩蚀变、围岩的颜色变化、矿物学—地球化学标志和特殊的地形标志等。

有些矿体直接裸露地表未经风化或轻微风化形成原生露头,这是最直接的找矿标志。有些金属硫化物矿体的氧化露头进一步遭受强烈的氧化和风化作用,残留下针铁矿和褐铁矿在原地沉淀聚集。这种表生铁质帽状覆盖物,通常就称为"铁帽"。它是寻找金属硫化物矿床的重要标志,国内外许多有色金属矿床就是根据铁帽发现的。不同的铁帽构造形态指示不同的矿床。

在成矿作用过程中围岩也产生蚀变现象,蚀变范围往往比较大,较容易被发现,间接指示可能有矿的存在,更为重要的是,蚀变围岩常常比矿体先出露于地表,因而可以指示盲矿的可能存在和分布范围。

由于围岩与矿体的矿物组成和物理化学性质的差异,抗风化能力不同,在矿体和围岩间可能出现局部性的地形特殊变化。抗风化能力强的矿体,如含金石英脉、磁铁石英岩、伟晶岩脉等常成正向微地形;抗风化能力弱的矿体,如煤层、许多铅锌等硫化物矿体等,常是负向微地形。这也是较为有效的一种找矿标志。

生物找矿标志

生物找矿标志主要指植物的找矿标志。植物的生长受土壤和土壤水中微量元素成分的影响。如果土壤下有金属矿体,则可利用与矿有关的植物标志来预测矿产。

某些植物具有在富含某些金属元素的土壤中生长的特殊习性,因而可以作为找矿的标志。例如,我国长江中下游各铜矿区都有海州香薷(铜草)的发育,因而这种植物被认为是在长江中下游地区找矿的一种指示植物。富阳民间流传着一句有关铜草的谚语:"牙刷草,开紫花,哪里有铜,哪里就有它。"

有些植物因含有元素而产生生态变异现象,可作为一种间接找矿标志。如含钍 0.1% 的白杨树可高于一般树的几倍,其高度可达几十到百余米,其树叶也相应巨大;如含锰高,可使石松属和紫菀属的颜色加深,使扁桃花冠颜色由白色变为粉红色;某些矿区中锌含量增高,使某些花的颜色变为深黄色和深红色;含铜多的玫瑰由红变成天蓝色。

植物群的发育特征可作为间接找矿标志。例如在硫化物矿体露头附近,植物枯萎,盐和石膏矿床上的植物矮小,而在磷矿层附近,植物生长特别茂盛。

人工找矿标志

所谓人工找矿标志,就是古代从事矿冶活动留下的找矿线索,包括旧采炼遗迹、特殊的地名等。

例如,老矿坑、旧矿硐、炼碴、废石堆等是矿产分布的可靠指示。我国古代采冶事业发达,旧采炼遗迹遍及各地。我国不少矿山是在此基础上发展起来的。此外,以这些旧采炼遗迹为线索,通过成矿规律找矿及对地质条件的研究而找到更为重要的新矿体。

特殊地名标志是指某些地名是古代采矿者根据当地矿产性质、颜色、用途等命名的,对选择找矿地区有参考意义。有的地名直接说明当地存在什么矿产,如安徽的铜官山,山东牟平的金牛山等。有些地名因古代人对矿产认识的局限性,其地名与主要矿产类型有差别,但仍然指示有矿存在的可能性。例如,江西德兴银山实际上是铅锌矿,湖南锡矿山实际上是锑矿,甘肃白银厂实际上是铜矿。还有些地名不是很确定,古代人知道有些有价值的矿产,但是不明白具体是什么矿,就用"宝"来命名。如山东胶南七宝山找到铅等金属矿,山东五莲的七宝山找到铜金矿。这些地名在找矿工作中也应引起注意。

地球物理找矿标志

地球物理找矿标志是间接找矿标志之一,主要是指各种物探异常,包括磁异常、电异常、重力异常、放射性异常、人工地震等。目前航空物探、卫星物探的快速发展,更使物探在找矿中起着极其重要的作用。

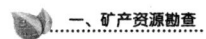

例如磁异常在寻找磁铁矿及其他磁性矿产,激电异常在寻找有色金属、贵金属矿产,放射性异常在寻找铀、镭等放射性矿产,人工地震在寻找油气、煤炭等矿产上都具有不可替代的作用。

地球物理找矿标志由于是间接找矿标志,不能单独依靠它圈定评价矿体,必须配合地质解释才能更好地应用各类物探异常。

在实际工作中,在同一工作区或矿区,经常采用不同的物探方法,圈定不同的物探异常,根据不同方法物探异常,进行分析对比,研究引起异常的原因,再配合地质解释等,给综合物探异常一个定性结论,提高找矿效果。

地球物理勘查

地球物理勘查的概念

地球物理勘查又叫地球物理探矿简称"物探",即运用物理学的原理、方法和仪器研究地质情况或寻查埋藏物的一类勘查。它是以不同岩石和矿石的密度、磁性、电性、弹性、放射性等物理性质的差异为研究基础,用不同的物理方法和物探仪器,探测地球物理场的变化,通过分析、研究所获得的物探资料,推断、解释地质构造和矿产分布情况。它是研究地球物理场或某些物理现象,如地磁场、地电场、放射性场等。目前主要的物探方法有重力测量、磁法测量、电法测量、地震测量、放射性测量等。依据工作空间的不同,又可分为地面物探、航空物探、海洋物探、钻井物探等。

物探使用的前提,首先要有物性差异,被调查研究的地质体与周围地质体之间,要有某种物理性质上的差异。其次被调查的地质体要具有一定的规模和合适的深度,用现有的技术方法能发现它所引起的异常。第三是能区分异常,即从各种干扰因素的异常中区分所调查地质体的异常。如基性岩和磁铁矿都能引起航磁异常。

航空地球物理勘查

航空地球物理勘查称航空物探,是物探方法的一种。它是通过飞机上装备的专用物探仪器在航行过程中探测各种地球物理场的变化,研究和寻找地下地质构造和矿产的一种物探方法。目前已经应用的航空物探方法有航空磁测、航空放射性测量、航空电磁测量(航空电法)等。航空物探具有速度快、效率高,不受地面条件(如海、河、湖、沙漠)的限制,工作精确度比较均一等优点。它的缺点:对一些异常值较小的异常体反应不够清楚,分辨力要低些;异常体的定位目前还不够准确,需要地面物探进行必要的补充工作。

钻井地球物理勘查

钻井地球物理勘查又称"测井",是地球物理勘查的一种方法。根据所利用的岩石物理性质的不同,可分为电测井、放射性测井、磁测井、声波测井、热测井和重力测井等(见测井现场图)。选用合理的综合测井方法,可以详细研究钻孔地质剖面,提供计算储量所必需的数据,如油层的有效厚度、孔隙度、含油气饱和度和渗透率等。此外,井中磁测、井中激发极化、井中无线电波透视和重力测井等方法,还可以发现和研究钻孔附近的盲矿体。测井方法在石油、煤、金属与非金属矿产及水文地质、工程地质的钻孔中,都得到

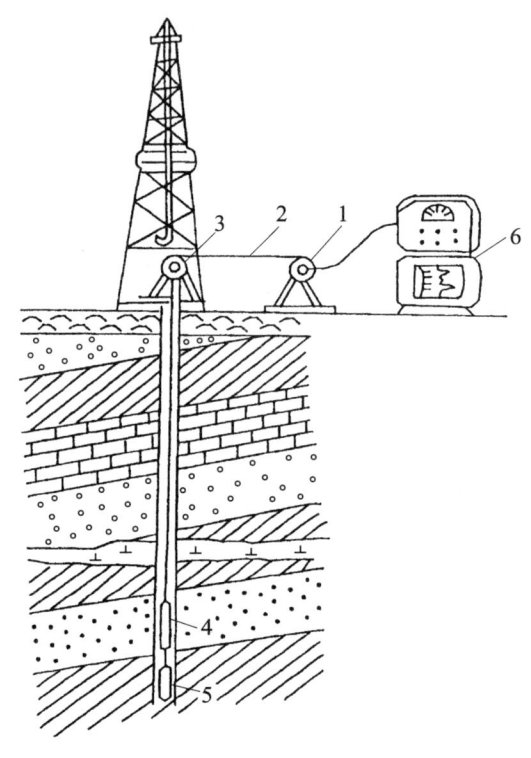

测井现场工作示意图
1. 绞车 2. 电缆 3. 井口滑轮
4. 井下仪器 5. 重锤 6. 测量仪器

广泛的应用,特别在油气田和煤田勘探工作中,已成为不可缺少的勘探方法之一。应用测井方法可以减少钻井取芯工作量,提高勘查速度,降低勘查成本。

磁法测量

自然界不同的岩石和矿石具有不同的磁性,产生各不相同的磁场,出现地磁异常。利用仪器发现和研究这些磁异常,进而寻找磁性矿体和研究地

质构造的方法称为磁法测量。磁法测量是常用的地球物理勘查方法之一，是用来寻找有用矿产和查明地下地质构造的一种地球物理勘查方法。磁法测量主要用来寻找和勘查有关矿产（如铁矿、铅锌矿、铜镍矿等），研究地质构造等问题。我国对大多数铁矿区都进行了大量的磁法测量工作，取得了良好的找矿效果。

磁法测量是地球物理勘查中应用最早的方法。早在1640年，瑞典人首次用罗盘进行了调查磁铁矿的试验，从而开辟了利用磁场变化来寻找矿产的新途径。现在它已成为地质勘查和地学研究的一种重要手段。

磁法测量可分为地面磁测、航空磁测、海洋磁测及井中磁测四类。航空磁测在研究区域地质构造，预测成矿远景区以及寻找大型磁铁矿床等方面都取得了良好效果；地面磁测是最早使用的工作方法，用以判断引起磁异常的地质原因及磁性体的赋存形态，并据此布置验证工程；海洋磁测是海洋综合性地质调查的一个组成部分；井中磁测是地面磁测向地下的延伸，主要用于寻找井旁或井底盲矿体。

地球磁场

地球磁场指地球周围空间分布的磁场。它的磁南极（S）大致指向地理北极附近，磁北极（N）大致指向地理南极附近。磁力线分布特点是赤道附近磁场的方向是水平的，两极附近则与地表垂直。赤道处磁场最弱（0.3~0.4特），两极最强（约为0.7特）。地球表面的磁场受到各种因素的影响而随时间发生变化。

地球磁场由基本磁场、外源磁场和磁异常三部分组成。

基本磁场也叫正常场，占地球磁场的99%以上。基本磁场主要由地核内电流的对流形成，它是一种内源磁场。

外源磁场是起源于地球外部并叠加在基本磁场上的各种短期磁变化。主要有：与太阳黑子活动周期一致的磁变化；日变化，日变化与太阳辐射对高空电离层的影响有关；磁暴。

磁异常是地下岩矿石或地质构造受地磁场磁化后，在其周围空间形成并叠加在地磁场上的次生磁场。

磁异常和正常场的概念在磁法勘探中只具有相对的意义。如在磁性岩层中找磁铁矿时,磁性岩层的磁场属于正常场,而对应于矿体的磁场增高部分则是磁异常了。

将高于理论地磁场的地区叫正异常,反之为负异常。一般情况下,正负磁异常相伴出现(见图)。

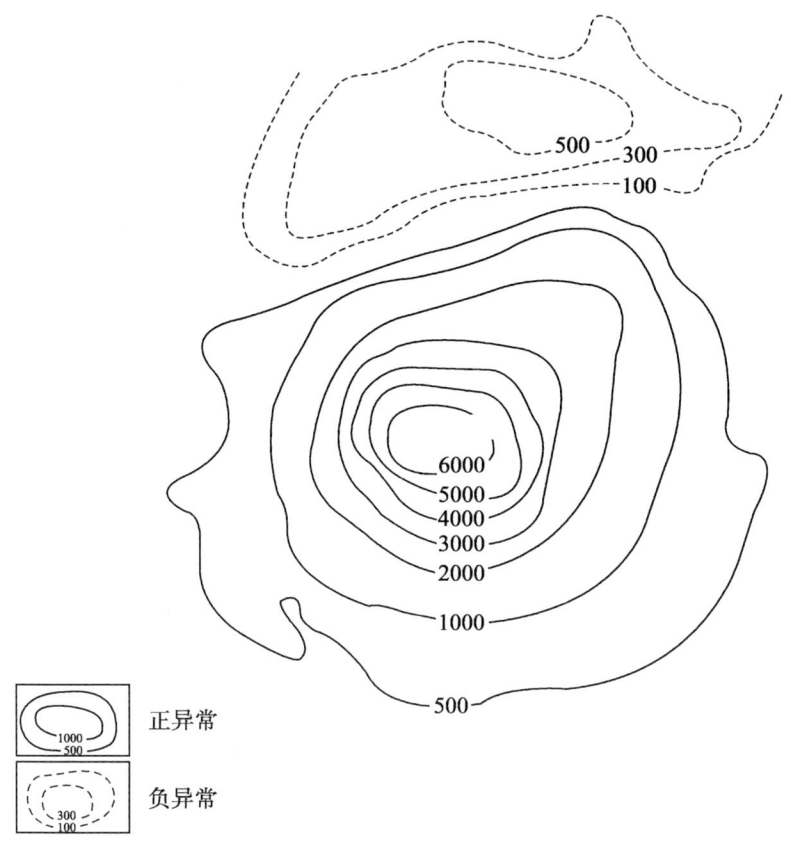

正磁异常与负磁异常

地面磁异常与成矿

地面磁测所圈定的磁异常称为地面磁异常。地面磁测主要用于寻找固体矿产或解决与找矿有关的地质问题。因此,判断引起磁异常的地质原因,即区分矿与非矿异常,是正确解释磁异常的目的。

各类矿床的赋存位置都有一定的规律,因此在判断磁异常的性质时,应结合测区地质及其他物化探资料进行综合分析。分析中要把重点放在与矿体密切相关的地质条件上。根据物探推测的结果,分析磁体是否处于成矿有利部位,对异常性质作出正确的判断(见图)。

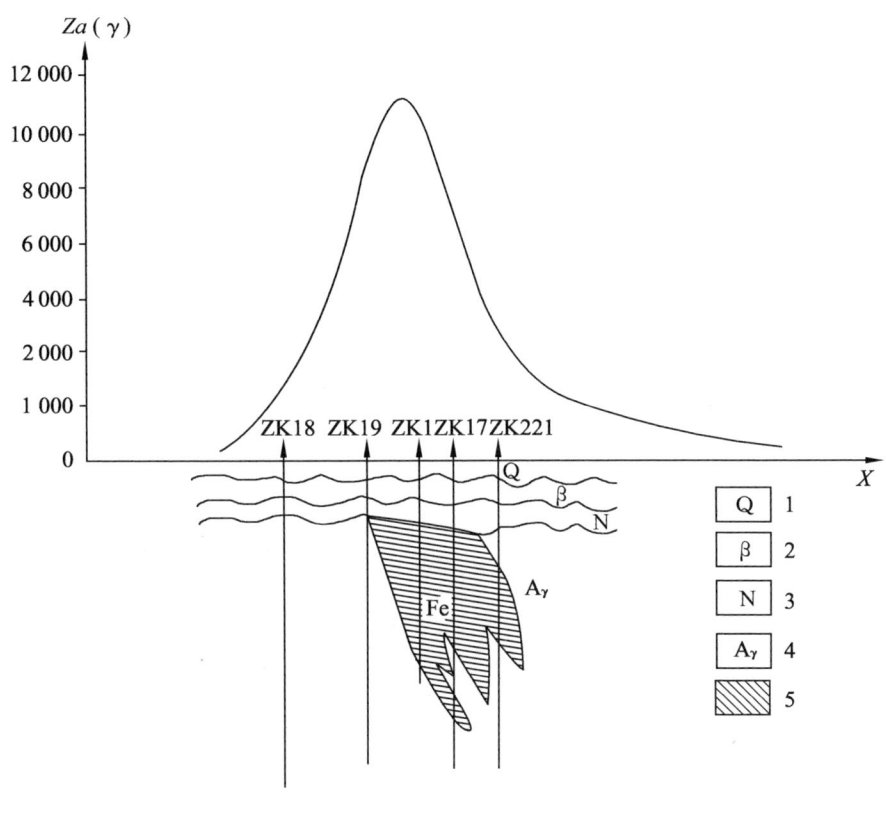

某地铁矿磁异常

1. 第四系 2. 玄武岩 3. 砂质黏土 4. 片麻岩类 5. 磁铁矿体

根据岩、矿石磁参数估算磁异常值,有利于判断磁异常的性质。

确定了异常性质后,就可以根据异常的范围、走向、幅度、梯度等,初步分析磁性体的赋存情况,推测磁性体的位置和范围,估计磁性体的埋深。

影响磁异常特征的主要因素有磁体的形状和大小,磁体的下延深度,磁体的倾向、走向,磁体的磁化强度,磁体的埋藏深度等。

航空磁法测量

航空磁法测量是航空地球物理勘查的一种主要方法。利用航空磁力仪测定总磁场强度 T 或总磁场异常 ΔT 或 T 的梯度等,从而普查磁性矿体和研究地质构造等问题。航空磁测可分为两类:一类是研究区域地质构造及普查油气田远景地区,其工作比例尺为1∶100万~1∶5万,以1∶50万~1∶20万为多;另一类是进行地质填图,圈定各种成矿带及普查铁矿,工作比例尺为1∶20万~1∶2.5万,普查和勘探大型油气田和铁矿床时广泛使用。

航磁异常在断裂上大多表现为长条状线性异常带或串珠状、雁行状排列的线性异常带,并且断裂两侧的磁场往往有很大的差别。

一个测区内往往有许多异常,因此,首先要根据磁场特征及测区地质、条件,将磁场划分为若干个磁场区。然后在磁场区内,根据航磁、地质及其他物化探资料将异常分为地质上成矿条件好,有找矿远景的异常,以及初步认为意义不大的异常等。不论哪类异常都应逐个实地踏勘检查,包括进行必要的地面磁测工作,最后作出评价,并提出进一步工作的意见。

评价航磁异常找矿远景时,除了应当重视强度大的异常外,还应对某些强度小的异常,特别是出现在已知矿区的弱异常给予足够的重视。

在岩体中部或边部有次级异常叠加时,不要轻易否定岩体中有成矿的可能性。在火山岩地区和偏碱性岩体边部都有找到磁铁矿床的实例。

磁异常的地质解释推断

正确地进行磁异常的解释推断是提高磁法勘查地质效果的重要环节。这项工作从发现磁异常开始,自始至终贯穿于地质工作全过程。

一般来说,磁异常的解释分为以下步骤:

(1)磁测资料的分析,了解各种干扰因素对磁测结果的影响及对异常的歪曲程度,在解释中设法消除。

(2)磁异常的处理,消除各种非地质因素对磁异常的干扰,从叠加异常中把勘查对象产生的异常划分出来。

(3)磁异常的解释推断。根据测区磁异常的分布特征,结合已有的地质资料、物性资料和其他物化探资料,作出以下判断:关于区域地质构造情况的结论;关于找矿远景区的评价;关于矿体位置、产状、形态及规模的估计。上述三方面的内容在不同磁测阶段各有侧重。

磁异常的解释推断通常分定性解释和定量解释两步进行。定性解释,按照磁异常的特点和分布规律,将测区内的异常分为若干异常区(带),结合已知的地质、物性资料,初步判断引起异常的原因及磁体的形状、产状和分布范围等。定量解释建立在定性解释的基础上。一般来说,简单规则的异常总是和形状较规则的磁体相联系的,采用正反演方法即可推断磁体的埋深及产状等,但对于复杂形状的磁异常则需通过某些变换处理并采用较复杂的数学方法加以解释。定量解释的成果可作为设计钻孔或布置山地工程的依据。

判断矿与非矿的磁异常

各类矿床的赋存位置都有一定的规律,因此,在判断异常的性质时,应结合测区地质及其他物化探资料进行综合分析。分析中要把重点放在与矿体密切相关的地质条件上。例如,对沉积变质型矿床,应分析测区内是否存在具体的含矿层位;对接触交代型矿床,应分析测区内是否存在侵入岩与碳酸盐岩沉积岩的接触带,有无近矿围岩蚀变及矿化标志;对热液型矿床,应分析测区内是否有控制成矿的断裂等构造等等。同时,应根据物探推断的成果,分析磁体是否处于成矿有利部位,其几何形态是否与已知矿体相近等,然后才能对异常性质作出正确的判断。

分析时还应对低缓异常给予足够的重视,因为不仅埋藏较深或磁性较弱的磁体可以引起低缓异常,产状平缓的强磁体也可以产生低缓异常。因此,如果把低缓异常一律当做非矿异常看待,就可能漏掉矿体。

磁异常向下延拓有利于判断低缓异常的性质。一般来说,岩体具有体积大、磁性弱的特点,矿体则具有体积小、磁性强的特点。因此,当观测平面接近它们时,矿体异常的幅度将迅速增大,分布范围将急剧变窄,但岩体异常的幅度和分布范围却不会有明显的变化。

地面磁法测量

地面磁测的任务:配合不同比例尺区域地质调查,提供研究基础地质的资料;成矿远景区的磁法测量,寻找弱磁性矿产或进行间接找矿,以圈出找矿靶区,其中包括贵金属、有色金属、多金属、黑色金属及具有此法间接找矿前提的非金属矿床等;配合矿区及外围勘查,对弱磁异常进行详细研究,为寻找深部、隐伏矿提供线索;勘查油气矿床;在环境地质、水文地质及工程地质中的应用;寻找爆炸物、地下管道、考古等人文活动遗迹调查方面的应用。

用于同一工区、同一性质工作的仪器,而且是测量同一参量的,仪器类型要尽可能相同。用于生产观测、日变观测及磁性参数测定等,各类仪器应配套。野外工作主要有基点、测点的观测,总磁场梯度观测,日变观测,磁性参数的确定,磁性标本的采集等。

工作结束后,根据磁异常特征,进行异常查证,找出引起异常的原因,寻找矿体。

重力测量

重力测量是利用岩矿石密度差异引起的重力场变化而进行的物探方法。各种岩矿石之间的密度差异,引起重力异常。我们在某一地区进行观测发现重力异常时,对异常进行分析计算,就能推断引起异常的地下物质的分布情况,从而达到地质勘查的目的。

重力测量的应用范围十分广泛。利用重力资料可以圈定具有油气远景的沉积岩内部构造、盐丘及煤田盆地;还可以划分大地构造和区域构造单元;研究地壳深部构造及地壳活动性,预测天然地震的发震时间、震级和震源位置。重力测量还应用于金属矿床的勘探,与其他物探方法相结合,在寻找无磁性铁矿、铬铁矿、有色金属矿及钾盐等矿产方面都取得了良好的地质效果。

重力资料的应用和研究不仅局限于地质工作方面。历史上重力资料最先应用于大地测量,现在对远程火箭、导弹、人造卫星、宇宙飞船运行轨道的精确推算,重力数据都是不可或缺的。

重力测量的观测对象是陆地和海洋。重力测量的仪器为重力仪。

重力异常的地质解释

重力测量工作中,对野外观测的重力异常资料,参考地质和其他物探资料进行综合分析,推断、解释引起重力异常的地质原因,推测地质体的产状,最后总结出工作地区的地质构造或矿体的分布规律等,统称重力异常地质解释。根据解释内容又分为定性解释和定量解释。定性解释是根据重力异常分布和变化规律,参照其他资料初步判断引起重力异常的地质原因、异常体的大致产状和空间位置等。定量解释是对观测精度较高的、有意义的重力异常剖面,利用数学计算或其他实验方法,具体地求出地质体的大小、产状、空间位置和密度差等。定性解释和定量解释互相补充,相辅相成,贯穿于解释工作的全过程。

重力异常的解释通常按以下步骤进行:

（1）阐述引起异常的原因,即确定异常是地壳深部地质因素的反映,还是浅部地质因素的反映;是矿体引起的,还是构造或其他密度不均匀体（如侵入岩体、岩性变化等）引起的。

（2）对重力异常进行划分。重力异常往往是从地表到地球深部所有密度不均匀体引起的异常的叠加,要获得探测对象所引起的重力异常,最重要的就是用数学方法对实测重力异常进行划分,从中提取所需要的信息。

（3）计算地质体产状参数。在划分实测异常并查明了有用异常的性质以后,下步工作就是根据重力资料大致估计产生异常的地质体的形状、产状和空间位置。在此基础上,对异常作进一步的定量解释,以确定探测对象的产状要素及其在地下的赋存形态。

决定重力异常的原因主要有:地壳厚度的变化,结晶基底内部成分、构造和基底的起伏,沉积岩的成分和构造。

电法测量

电法勘探是根据岩矿石电性差异来找矿和研究地质构造的一类物探方法,它包括了20多种方法。通过观测和研究电场或电磁场的特点或变化规律,可达到找矿和研究地质构造的目的。

电法测量中已经利用的岩、矿石的电学性质有导电性、电化学活动性、介电性及导磁性。电流勘探可分为直流电法和交流电法两大类,根据场源不同分为天然场法和人工场法,按工作场所不同,又分为地面电法、井中电法、航空电法和海洋电法。

电法测量分类

场的来源	基本方法		应用范围
天然场	自然电场法		普查找矿;探测地下水流向及地下水与地表水的补给关系;检查水库漏水点
	大地电流法		探查区域地质构造
	大地电磁法		探查区域地质构造
	音频磁场法		探查区域地质构造
人工场	电阻率法	电剖面法	配合地质填图,追索断层破碎带、接触带及各种高地阻地质体的分布,调查岩溶发育带
		电测深法	探查地质构造;勘测基岩起伏、埋深、风化壳厚度;划分倾角很小的地层层位;确定含水层分布及埋深;划分咸、淡水分界线
	充电法		确定良导矿体的形态、范围及相邻矿体间的联系;追索地下暗河,充水裂隙带;测量地下水流速、流向;研究滑坡
	激发极化法		普查找矿;填绘金属矿化岩石及石墨矿化岩石的界限;划分含泥质地层
	电磁法		地质找矿,普查找矿,探测构造

航空电磁法测量

它又称航空电法,是用来快速普查良导电金属矿的航空物探方法。它是在地面电磁法原理基础上发展起来的,是一种快速普查良导电矿体、区分磁异常及地质填图的手段之一。

航空电磁法测量通过研究由人工或天然形成的电磁场对地质体感应激发产生的异常场特征和规律来寻找矿体和解决某些地质问题。主要是用来快速普查良导性金属矿体(富铜、富铁);对大面积地质填图,圈定近地表的基岩起伏,研究地下水和冰冻层等方面也有一定效果。自1950年应用航空电磁法以来,目前已发展了20多种不同的航空电磁法。

大地电磁测深法测量

大地电磁测深法是利用天然的大地电磁场作为场源，用来研究地质构造的一种电磁测深法。

大地电磁场具有随机性、对比性、谐变性等特点。随机性：一个固定观测大地电磁场的幅度、频率、方向均随时间而随机变化。对比性：在某瞬间几百平方千米或更大范围内，振幅、频率均保持互相对比的特性。谐变性：大部分振动具有谐变性，有时是一种频率为主的振动，有时是几个谐波叠加一起传入地下。

大地电磁测深法主要用来解决区域构造的地壳深部构造问题，主要对象是水平层状介质。

大地电磁测深法有其独特之处。如该方法省去了供电设备；勘探深度大，勘探深度可达几十至几百千米；能穿透高阻层，对低阻层分辨能力强；等值范围小；场源为垂直入射的平面波，使得对场的研究大为简化。因此，大地电磁测深法在地质工作中起着越来越大的作用。

一种非常有效的找矿方法——激发极化法测量

它是根据岩石、矿石的激发极化效应来寻找金属矿和解决水文地质、工程地质等问题的一组电法测量方法，又分为直流激发极化法（时间域法）和交流激发极化法（频率域法）。常用的电极排列有中间梯度排列、联合剖面排列、固定点电源排列、对称四极测深排列等。激发极化法在找铜、找铁、找煤、找铅锌矿、找镍铬矿和找金矿等都取得了较好的地质效果。在国外，20世纪50年代初期，激发极化法在矿产勘查中发挥了重要作用，找到了一些大型低品位的硫化矿体（其他物探方法是难以奏效的）。现在采用大功率发电机机和加大电极距，可以探测到埋深达1.6～3.2千米的大型低品位的工业矿体。当前，已广泛采用频率域激发极化法（变频法）。其优点是输出功率（只要几百瓦）相对时间域激发极化法（几千瓦）要低得多，同时操作技术也很简便。在国外，激发极化法的应用还扩大到寻找油气田方面。仪器已向轻便、自动、记忆、多参数测量方面发展。

电阻率法测量

电阻率法测量是根据岩石和矿石导电性的差别，研究地下岩、矿石电阻率变化，进行找矿勘查的一种方法。它是用直流电源通过导线经供电电极向地下供电建立电场，经测量电极将该电场引起的电位差引入仪器进行测量。

电阻率法是找矿、找水和研究地质构造的常用方法。电阻率法又分为剖面法和测深法两大类。

电阻率剖面法是采用不变的电极距，测量装置沿着观测剖面移动，逐点观测视电阻率的变化。根据电极排列方式的不同，又分为联合剖面法、对称剖面法、中间梯度法和偶极剖面法等。剖面法适用于探测陡倾斜的地质体或构造。

电阻率测深法是探查电性不同的岩层沿垂向分布情况的电阻率法。电测深法采用在同一测点上逐次加大供电电极距离的工作方式，逐次观测视电阻率值。电测深法又分为对称四极测深、三极测深、偶极测深等方法。它适用于划分水平的或倾角不大（小于 20°）的岩层。它已在水文地质、工程地质和煤田勘查中广泛应用。

电阻率法测量所用仪器为电位仪，其原理线路图见图。

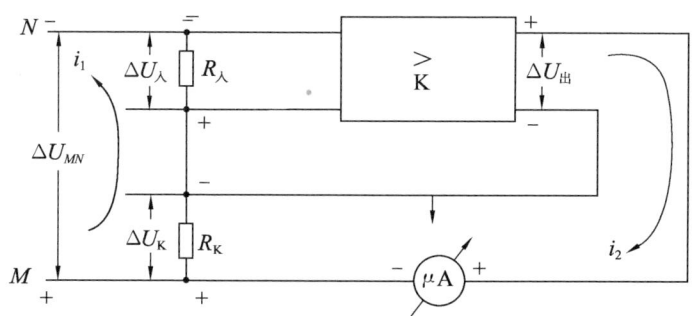

电子自动补偿（电位）仪的原理线路

电磁法测量

电磁法以地壳中岩石或矿石的导电性和导磁性的差异，利用电磁感应

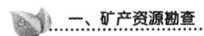

原理进行找矿勘探的方法。

电磁法主要用来寻找良导性金属矿床，进行地质填图，解决大地构造及水文、工程地质问题。

电磁法按场源形式可分为人工场源（又称主动场源）和天然场源（又称被动场源）两大类。而人工场源又分为连续波场、瞬变脉冲场和辐射场。电磁法主要用来寻找导电、导磁矿体（如铜矿、铅锌矿、磁铁矿和铬铁矿等）和解决一些水文地质问题。

天然场源类有天然音频磁场法和大地电磁法。

电磁法在工作场所上分为航空、地面、井中电磁法。

甚低频电磁法测量

此法简称VLF法，是将频率为10～30赫的电台发射的电磁波作为场源，在地表、空中或地下测量其电磁场的空间分布，从而获得电性局部差异或地下构造信息的一种电磁法。

VLF法的主要应用：在普查找矿中，直接或间接圈定某些矿产或煤层露头线；浅部地质填图；在水文地质、工程地质、环境地质、灾害地质工作中，圈定断裂破碎带、岩溶发育带、岩脉、基岩裂隙水的调查及地下水污染监测等；地下埋藏物的探查。

实际工作中，根据野外具体情况，选择合适方向上的电台作为场源，在地表用专门仪器来观测二次场和综合场，以解决某些地质问题，如寻找低阻带、破碎带及进行地质填图等。

井中电测

井中电测是指在井孔中利用电法测量方法研究井壁剖面和井周围的地质情况。目前在勘查固体矿床及水文地质、工程地质勘查中常用的主要是视电阻率测井、自然电位测井、井中激发极化和井中无线电波透视法。

井中电测的作用主要包括以下两个方面：

（1）研究井壁地质情况及井中流体的运动等。划分和校验钻孔地质剖面；查明矿层（或含水层），确定其厚度、深度、划分淡咸水界面；研究含水层的有关水文地质参数；提供地面电法解释所需要的电阻率参数。

(2）研究钻孔周围的空间，以扩大钻孔的有效作用半径。如利用井中激发极化法、井中无线电波透视等方法，可以发现井周围及井底深部的盲矿体；确定矿体相对于钻孔的位置、形状、大小、产状；追索和圈定矿体范围等。

测井技术的进一步发展，可以通过对测井资料的综合分析，提供有关的矿石成分、品位、煤的含碳量、灰分、水分，以及水文地质参数等资料。电子计算机技术已进入测井工作中，出现了数字测井。数字测井可以获得更多有用的资料和成果，提高了解释精度，并能够直接给出有关岩性、岩石密度、孔隙度等数据。

瞬变电磁法测量

瞬变电磁法测量的英文缩写为 TEM。它是利用不接地回线或接地线源向地下发送一次脉冲磁场，在一次脉冲磁场的间歇期间，利用线圈或接地电极观测二次涡流场的方法。它遵循电磁感应定律。

瞬变电磁法优点：该方法施工效率高，在当前煤田水文地质勘探中成为首选方法；该方法在高阻围岩中找寻低阻地质体方法灵敏，且无地形影响；圈定异常响应强，形态简单，分辨能力强；剖面和测深同时进行，提供更多有用信息。

先进的电法测量——电导率成像系统

该方法是利用大地电磁测深原理，采用正交磁偶极可控源，系统自动、多频率采集数据，勘探深度可达 1 000 米，现场实时成像，是目前勘探石油、煤田、金属矿产、地下水、冻土层、山区工程及矿井工程勘查的最佳电磁测量方法之一。

EH-4 电磁系统使用天然场和人工场的电磁信号，能在各种地形上产生电导连续剖面。测量是在和地下研究深度相对应的频率上进行的，一般来说，频率较高的数据反映浅部的特征，频率较低的数据反映较深地层的信息。

EH-4 电磁成像系统具有如下特点：

（1）采用人工场源与天然场源共同作用的方式，人工场源弥补了天然场源在某些频段上的不足，使该系统能获得连续的有效信号。

（2）测量系统和发射装置都比较轻便，测量速度、效率较高。

（3）具有较高的分辨率，可探测小的地质构造、矿体和区分电阻率差异不大的地层。

（4）该系统不受高阻盖层的影响，可有效地探测地下深部地质信息。

如中国科学院地质与地球物理研究所利用 EH-4 连续电导率剖面成像系统配合 X 荧光、伽玛能谱、汞量、地电化学测量等物化探方法对额尔齐斯成矿带开展了综合探测，结果显示这些矿床深部均有显著的地球物理异常。经钻探等工程验证，发现地下 500～600 米仍有金矿体产出，这证实了 EH-4 连续电导率剖面成像系统在找矿中的应用前景。

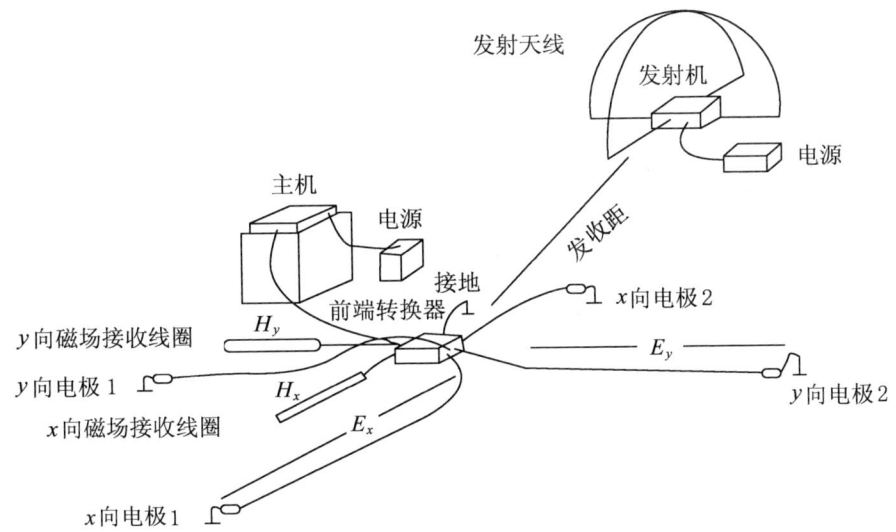

EH-4 连续电导率剖面电测量系统示意图

高密度电阻率法测量

高密度电阻率法是基于静电场理论，以探测目标体的电性差异为前提进行的一种地球物理测量方法。

高密度电阻率法原理上属于电阻率法的范畴，但与常规的电阻率法相比设置了较高的测点密度，在测量方法上采取了一些有效的设计，使得数据采集系统有较高的精度和较强的抗干扰能力，并可获得较为丰富的地电信息。高密度电阻率法勘探能提供地下地质体某一深度沿水平方向岩性的变化情况,也能反映垂直方向岩性变化情况,一次可完成纵、横二维的探测过程,所以观测精度高,采集的数据可靠,在地质探矿、岩土工程探测、浅层地下水寻找、采空区探测等方面应用效果较好。

高密度电阻率法是电剖面法和电测深法的结合。

为了使高密度电阻率法能够获得关于地电断面结构特征的丰富信息,一般采用三电位电极系。这样就可获得三种常用电极装置的视电阻率参数,以绘制等值线断面图和不同极距的剖面图,而且当将三种电极系列的测量结果作某种组合时,还可获得视电阻率异常的几种比值断面图。

自然电场法测量

自然电场法是研究岩石、矿石和地下水之间产生的氧化—还原电化学反应(包括在大地电流、雷电放电等电流场长期激励下的电化学反应),以及地下水渗透、扩散作用,生物化学,气体交换和热电效应等产生的稳定或缓慢变化的自然电场的分布规律,解决有关的地球物理方法之一。

自然电场法不需要供电系统,只需测量地面各测点的自然电位值。这种方法工作效率高、成本低,是一种轻便、易行又经济的勘探手段。

自然电场法的观测方式有电位观测、梯度观测、环形观测。

自然电位法主要应用于区域或局部地质构造的调查,勘查断裂构造和地层分布等;快速普查块状硫化物矿、石墨、无烟煤、地热等,在一定的条件下,可勘查浸染状硫化矿,间接区分含油气田的构造;解决河、湖及沼泽地区的地下水补给关系,区分水文单元、水库漏水和水文地质、工程地质、灾害地质问题。

自然电场法所用的基本仪器是精度较高的直流电位差计,测量电极为不极化电极。

放射性测量

是放射性勘探又称放射性测量,是放射性地球物理勘查的简称。它是根据放射性射线的物理性质,利用专门的仪器,如辐射仪、射气仪等,通过测量岩(矿)石所辐射的强度(有时也涉及射线的能量)及其分布情况,便有可能发现含放射性元素的矿床,并确定矿石中放射性物质的含量。它是一种

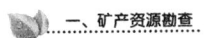

测量放射性元素的射线强度或射气浓度来寻找放射性矿床的一种主要物探方法。放射性勘探不仅用于寻找铀、钍矿床,而且用于探查钾盐矿床、裂隙水、岩溶水,以及与放射性元素伴生的稀有元素和稀土元素矿床,还可以为一些其他的地质工作,如进行地质填图、研究岩体和矿体的成因等,提供有用的资料。

它的主要工作方法有γ测量法(包括γ测量和γ能谱测量)、射气测量法、径迹测量法及集中放射性测井方法。放射性物探的主要优点是直接找矿,比较灵敏;缺点是探测深度小。近年来,采用同其他物探方法综合找矿的方法,寻找对成矿有利的构造,可探测到深达百米以上的矿床。

航空γ能谱测量

把γ能谱仪装在飞机上进行测量的方法。一般与航空磁法同时进行。与地面γ能谱测量相比,除了不受水域、沙漠、森林等地域上的限制外,航空γ能谱测量还具有速度快,效率高,成本低,能保证测量条件一致,能使用最现代化的数据自动处理设备等优点。

航空γ能谱测量的工作方法主要有普查和区测两种类型。

航空γ能谱普查的目的是寻找异常点,进行铀、钍矿普查。采用的测量比例尺一般为1∶2.5万。使用的仪器是模拟记录的四道γ能谱仪,由轻型飞机或直升机运载,以平行航线飞行。

航空γ能谱区测的目的是进行地质填图,以提供普查铀矿的远景区及区域评价资料。采用高灵敏度的由微处理机控制的多道能谱仪在空中工作。运载工具是较大型的飞机。

航空γ能谱测量的成果图件,主要是7个放射性参数(总计率数、U、Th、K含量及U/Th、U/K、Th/K)的剖面图和等值线平面图。

地面γ能谱测量

地面γ能谱测量是地面γ测量的一项发展。它可以在野外条件下测定土壤和岩(矿)石中的铀(镭)、钍、钾的含量,因而为放射性矿床的勘察工作提供了更多的地质信息。

γ能谱测量的基本原理:每一种γ辐射体都要放出自己特有的能量确定

的γ射线。在野外条件下直接在选定的地点可以测出某种能量的特征γ谱线,就能唯一地确定具有该谱线的放射性元素的存在,而且将测得的γ强度与标准样品的γ强度进行对比和计算,还可以确定该元素在土壤和岩(矿)石中的含量。

γ能谱测量主要用于γ异常点(带)的铀、钍定性分析,并确定它们的含量以及在残积—坡积发育地区测定地表的铀(镭)、钍、钾含量。此外还可以比较有效地发现微弱的镭分散晕;确定不明显的岩性界线或相变;根据区域地质条件与铀、钍、钾含量的关系,寻你找稀有元素矿床,圈定铀矿化、钍矿化或稀土元素矿化的成矿远景区;研究沉积岩的分层以圈定铀富集地区;研究岩浆岩、变质岩的成因,以及侵入体的形成条件等。

地质雷达测量

地质雷达测量又称探地雷达、透地雷达。地质雷达技术是一种高精度、连续无损、经济快速、图像直观的高科技检测技术。它是通过地质雷达向地下物体内部发射高频电磁波并接收相应的反射波来判断地下物体内部异常情况。它是用于确定地下介质分布的($10^6 \sim 10^9$ 赫)电磁波技术。地质雷达利用发射天线发射高频脉冲电磁波,利用接收天线接收反射或透射的电磁波,将接收到电磁波的旅行时间(亦称双程走时、走时)、振幅与波形等资料经过数据处理,并以二维图形的方式表示出来,即可推断介质内部的结构。

雷达技术用于地下,是一项很早就已经提出的课题。然而,也只是在高频微电子技术及计算机技术迅速发展的 20 世纪后期,此项技术才获得根本性的进展。其应用领域也已由低损耗地质介质向较深的有耗地下区域迅速延拓。

探地雷达主要应用于矿产勘查、工程地质探测、煤矿井探视、泥炭调查、放射性废弃物处理调查,以及用于地质构造填图、水文地质调查、地基和道路下空洞及裂缝调查、埋设物探测、水坝、隧道、堤岸、古墓遗迹探查等领域。

地震勘查

它是物探方法之一,是通过研究人工手段(如爆炸、锤击等)激发的地震波在地下岩层中传播的规律来查明地层深度、构造形态(即空间位置)及其性质的地球物理勘查方法。

地震勘查是以不同岩性的岩层具有不同弹性的事实为依据的。在地表附近某一点人工地激发地震波,而在其他若干点上用专门的仪器(地震检波器)记录从震源直接来的直达波,或从地下不同弹性的岩层分界面来的反射或折射波,分析地震记录上这些有用信息的特点(波的传播时间、波形及振幅等),通过专门的计算或仪器处理,测定界面的深度和形态,判断地层的岩性,勘查含油气构造甚至直接找油,勘查煤田、岩盐矿床、个别的层状金属矿床及解决水文地质、工程地质等问题。

地震勘查根据利用的地震波类型又分为反射波法、折射波法和透射波法三种基本方法。在石油勘探中,主要利用反射波法;而在煤田勘探中,三种方法都被使用。

折射波法在填制盖层下面的地质图,圈定煤系地层赋存范围,研究较浅的岩层厚度及地层构造形态等方面有其独特的效能。反射波法在研究具有一定深度的多个弹性界面深度及构造形态方面效果显著并较为经济;透射波法在确定地震波传播速度及井下采区中煤层小构造等问题方面常有显著效果。在某种情况下,三种方法的作用是交叉的。一般在应用时,三种方法互相配合,取长补短,以获得最佳效果。

地球化学探矿

地球化学找矿法

地球化学找矿法简称化探,是以地球化学和矿床学为理论基础,以地球化学分散晕为主要的研究对象。其工作主要是研究有关成矿元素在地壳中的分布、分散及集中的规律,从而发现矿床和矿体。因成矿元素的原生分散晕(原生晕)和次生分散晕(次生晕)的规模比矿体大得多,给人们找矿提供了很大的目标,且因成矿元素分散所及的介质很多,通过地球化学分散晕的研究能发现埋藏较深的盲矿体。化探方法可分为岩石地球化学测量、土壤地球化学测量、水系沉积物地球化学测量、水地球化学测量、气体地球化学测量及植物地球化学测量等等。化探方法可用于寻找有色金属、稀有分散元素、放射性元素矿床及石油天然气等。近年来，同位素地球化学探矿、航空地球化学探矿及海洋地球化学探矿等方法的研究，又大大地丰富和发展了本学科。地球化学探矿是在近代地球化学与微迹分析技术的推动下发展起来的，在30年代首先在前苏联与北欧国家（瑞典、挪威）使用，在40年代中期至50年代才在全世界引起广泛的关注，我国在1952年开始成立这方面的工作机构。目前这种方法正处于迅速发展的阶段，已经取得了不少找矿实效。

岩石地球化学测量

它简称岩石测量。这种方法是系统地采集岩石样品，分析其中的微迹元素或其他地球化学特征，以发现与矿化有关的各类原生异常（地球化学省、区域原生异常、矿床原生晕等），并进而寻找矿床。这种方法目前已在生产中广泛应用。进行岩石测量时预先要做一些实验工作。例如在详查阶段开始时要选择已知矿做试验，了解已知矿的原生晕特征以作为在未知区确定工作方法及资料解释的依据。采样时可以采岩石碎块及碎屑样品，或者根据工作需要采集特殊样品（如断层泥、裂隙充填物、岩脉物质等），还可以专门选分某些矿物（黄铁矿、磁铁矿、某些蚀变矿物等）进行分析。通常分析的元素由一二种到几十种不等，如汞、锑、砷、银、铅、锌、铜、铋、钨、钼、锡、钴、镍、铍等，还有一些挥发性元素（氟、碘、氯、硼等）和一些亲石元素（锂、铷、铯、锶、钡等）。

原生晕

原生晕是在成矿作用中与矿体同时形成、分布于矿体周围基岩中的某些元素（通常是成矿元素及其伴生元素）含量增高的地段。岩浆矿床、伟晶岩矿床、接触交代矿床、热液矿床、沉积矿床、变质矿床都可以有原生晕存在。其中研究最多的是热液矿床的原生晕。

热液矿床的原生晕是热液成矿作用的产物。成矿热液在地下运移的过程中，在某些条件下，其中的一些元素大量析出，聚集而成矿体。此外，热液还会继续向矿体周围的岩石运移，其中所包含的元素在一定条件下分别析出，在矿体周围岩石中形成某些元素含量增高的地段，即形成热液矿床的原生晕（见图）。

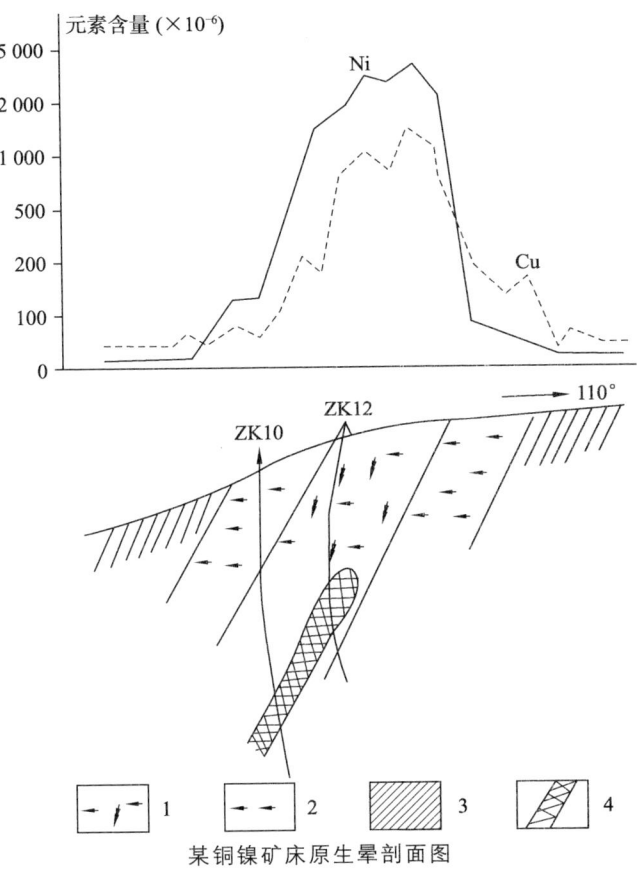

某铜镍矿床原生晕剖面图

1. 辉橄岩 2. 辉长岩 3. 千枚岩 4. 矿体

热液矿床的原生晕可划分为前缘晕(矿上晕)、尾部晕(矿下晕)、侧向晕、上盘晕、下盘晕。

原生晕的形态有线状(与此有关的矿体呈脉状或透镜状)、带状(与此有关的矿体多呈浸染状或密集的细脉带及透镜状)、透镜状(与此有关的矿体常为透镜状)、等轴状(与此有关的矿体产于几组断裂交汇处)、不规则状(与此有关的矿体产于多组构造复合部位及受接触带控制的热液矿床)等。

热液矿床原生晕具有多组分的特点,也就是说,晕中的指示元素可以是若干个化学元素。这些元素一般可分为主要成矿元素和伴生元素。热液矿床原生晕的指示元素随矿床的种类、矿石的矿物成分的不同而不同,并且具有一定的组合规律。指示元素具有浓度分带性,通常划分为内带、中带、外带。指示元素还表现出组分分带性,这种分带可导致不同空间位置有不同指示元素组合,以及某些元素的比值有规律的变化。

土壤地球化学测量

它简称土壤测量。这种方法是系统地测量土壤(包括各种风化产物)中的微迹元素含量或其他地球化学特征。测量的目的是发现与矿化有关的各类次生异常,并进而寻找矿床。

土壤测量适用于残坡积层发育的地区。它的作用:在区测和普查阶段用来评价被残坡积层覆盖的岩浆岩、地层和构造的含矿性,圈定成矿远景区。在详查阶段用于寻找被残坡积层覆盖的矿体,并可间接寻找盲矿体。此外,还用于圈定被残坡积层覆盖的地质体的界线,区分物探异常是矿致异常还是非矿异常。

土壤测量能寻找的矿种较多,对有色金属铜、铅、锌、砷、锑、汞、钼、钨、锡,以及金、银等贵金属均有很好的找矿效果。

采样测线应尽量垂直被调查地质体的走向。

采样层位于残坡及土壤分布地区,一般在距地表20～50厘米深处的B层(淋积层)或C层(母质层)中采样可获得良好的效果。

次生晕

已形成的矿体(矿化体)及原生晕,在表生带与围岩一同遭受风化作用。随着矿物的破碎和分解,其中的元素发生迁移,在一定的条件下一些与成矿有关的元素可以在矿体上方或附近的土壤中聚集形成含量高的地段,即次生晕。

次生晕的组成主要来源于矿体及其原生晕。次生晕中的指示元素也常常是矿床中成矿的主要元素及其伴生元素。

影响次生晕的主要因素:原生矿物抵抗风化能力的强弱,通常抵抗能力强的矿物多富集在土壤较粗的颗粒中,而抵抗风化能力较弱的矿物,多富集在土壤较细的颗粒中;矿体规模的大小、矿石品位的高低,它们多影响次生晕的规模和含量;介质的物理化学条件,其成分、pH、Eh,它们控制元素在水中溶解和沉淀;胶体,一些难溶的化学元素以胶体的形式进行迁移、聚沉,这些元素聚集在土壤中则形成次生晕;生物,生物能促进矿石的物理和化学风化,促使矿石的破碎分解,元素发生迁移;气候和地形,气候主要指雨量和温度的影响。

水系沉积物测量

水系沉积物测量又称分散流找矿法或水系金属量测量,是测定水系沉积物中微迹元素含量或其他地球化学特征,以发现与矿化有关的异常,并向上游追踪,寻找矿床的化探方法。它是一种效率较高的地球化学普查方法。其特点是可以根据少数采样点上的资料了解广大汇水面积内的矿化情况。这种测量的采样布局要由所寻找目标的大小、水系分布模式、元素在水系沉积物中的衰减模式(由实验测量取得)而定。所采样品主要为水系中的活动沉积物,有时也可采集河漫滩沉积物,成分一般为淤泥和粉沙。

水系沉积物的采样部位选择在河床底部或河道岸边与水面接触之处,在间歇性水流地区或很少水流的干河道中,应主要在河床底部采样。在水流湍急的河道中,要选择在流水变缓处、水流停滞处、转石背后及河道转弯的内侧有较多细粒物质聚集之处采样。一般在采样点沿水系上下 20~30 米范围内进行多点取样,混合在一起组成一个样品。

利用气体探矿——地气探矿法

地气探矿法是地球化学测量方法之一,简称气体测量或气测。它是对土壤空气和大气中某些气态的元素及化合物进行系统的测量,研究它们的分布、分配和变化规律,以发现与矿化有关的气体地球化学异常来找矿,以及解决其他的地质问题。

元素或某些化学组分由异常源以气体状态迁移而在各种天然物质中形成的地球化学异常称为气成异常。在气成异常中,异常物质可以以各种形式存在,除了以气体状态存在于空气、土壤、水及岩石中以外,还包括曾以气体状态迁移过,而现在呈非气体状态存在于岩石、土壤等中的异常。

地气测量按其测量的位置和对象不同,分为土壤气体测量、地面气体测量和航空气体测量三种。

地气测量是寻找埋藏在地下的盲矿体和被疏松层覆盖矿体的一种手段。它除了用于找金属矿,也用于寻找石油、天然气、煤田和地热。气体测量还可用于发现隐伏的断裂构造及地震预报。气体测量方法简便、速度快。

现在使用最多的气体测量方法是汞气测量,使用的仪器是测汞仪。

遥感探矿

遥感地质找矿法

遥感地质找矿法又称地质遥感,是综合应用现代的遥感技术来研究地质规律,进行地质调查和资源勘查的一种方法。遥感地质工作的基本内容是:地面及航空遥感试验,发展适用于地质找矿的遥感系统,进行图像、数字数据的处理和地质判释。遥感地质需要应用光学和电子学技术以及数学地质的理论与方法,是促进地质工作现代化的一个重要技术领域。

地质信息一般是指遥感数据和图像资料中有用的部分,即可以用来进行处理和判释的部分。有时也用遥感信息一词泛指所有的遥感资料。反映遥感对象(地物、地质体等)的空间形态和分布特征的遥感信息,称为空间信息,如线性特征、环形特征等。反映遥感对象在不同的电磁波段的光谱特征的遥感信息,称为光谱信息。反映遥感对象在不同时间对电磁波反射或辐射的能力变化情况的信息,称为时间信息。地质体或地质现象在遥感图像上表现出各种色调、形状、规模、花纹等,它们直接或间接地反映了地质体或地质现象的特征,故统称地质信息。概括起来,地质信息基本上分为色调特征信息和形态特征信息两大类。

遥感找矿标志

各种矿产资源的形成、产出,都与一定的地质构造条件有关。利用遥感资料来解译、分析区域成矿地质条件,提取某些矿床类型的遥感标志是遥感找矿的基本出发点和理论依据。

主要遥感找矿标志如下:

(1) 采矿、冶炼遗迹。在大比例尺、高分辨率的遥感图像上,采矿、冶炼的遗迹主要有老矿硐、采坑(场)废石和矿渣堆、淘沙坑、冶炼遗址等,它们在遥感图像上有特殊的形态和色调特征,容易解译和识别。

(2) 含矿体的影像特征。矿体出露地表的面积较大时,在高分辨率的图

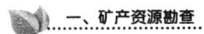

像上(主要是航空图像)可直接识别。一般情况下,这些含矿体有独特的影像特征(形态特征和色调特征)。

(3)围岩蚀变。围岩蚀变的种类较多,而且不同矿化作用所产生的近矿围岩蚀变也不同。围岩的蚀变由于物理化学性质的变化,风化剥蚀后产生一些特殊的地貌特征,这些在图像上的微地貌、影纹图案上有所反映。

地质方法探矿

找矿方法的综合应用

以地质观察为基础,根据不同的地质条件和具体的自然景观,并结合各种找矿方法的应用前提,合理地配合使用各种方法,从不同的角度提供各种信息,以经济有效地找矿。地质填图法是全面系统地研究基础地质,物探是研究地质体的某些物性异常,化探是研究成矿元素的地球化学分散晕,重砂法是研究矿床的机械分散晕等。综合运用这些找矿方法就可以充分发挥各种方法的作用,所得资料经过综合分析,可以相互补充、验证和对比,起到去粗取精、去伪存真的作用,使地质成果更加接近客观实际,从而可以更深刻地认识各种地质现象和矿床的形成规律,更有效地发现矿床和评价矿床。

综合运用找矿方法应注意以下两点:

(1)综合找矿方法必须以地质为基础,地质起着综合和枢纽的作用。任何找矿方法的应用,都应以要解决的地质问题和具体的地质条件为依据,所得的资料都必须结合地质理论进行解释,才能起到其应有的作用。

(2)综合找矿方法必须做到各种方法紧密结合、协同作战。在实行多种方法相互配合的过程中,应及时明确地提出要解决的地质问题和介绍地质情况,共同解释异常。

地表发现矿化线索后怎么办——矿点检查

矿点是具有成矿地质条件,显示矿产存在标志的,一般只有矿产信息而尚未评定其经济意义的地区。矿点检查的目的是了解矿点的矿产种类,查明赋存的地质条件及地表矿体出露的范围,进而评定其远景价值,提出进一步工作的意见。

矿点检查可分为踏勘检查和矿点检查两个步骤。踏勘检查主要了解检查对象是否为矿点及其大致情况,从而决定是否有必要进行正式检查工作。对于经过踏勘,证明检查对象明显不具有工业意义或不能成为矿点者,应提出否定的证据及论证,同时指出是否具有找矿线索的意义。矿点检查是对经过踏勘检查而确定有意义的矿点所进行的工作,一般要求初步调查地质特征,追索矿体,研究成矿地质条件,采集一些样品,研究矿石质量,运用简单测绘仪器或罗盘法测制矿点的地形地质草图,编写矿点检查报告,并对矿点作出评价,提供进一步工作的意见。

矿点检查通常进行下列工作:研究矿产露头,追索与圈定矿体,研究采矿遗迹,测制矿点地形地质草图。

寻找评价盲矿体

盲矿体是指未直接出露于地表的矿体,又分为埋藏矿体和隐伏矿体两类。隐伏矿体是指埋藏于地下基岩中不曾出露到地表的矿体;埋藏矿体是指曾经出露在地表或在地表形成的,但被后期的沉积物、火山岩流等所掩盖,在现代地表不出露的矿体。

寻找盲矿体首先要看有无成矿地质条件。矿体(床)的形成与各种地质条件有关,各种地质作用控制着矿床的形成和分布规律。其次,采用间接找矿方法判断盲矿体,因为盲矿体是不出露于地表的,所以只能通过一些间接找矿方法进行判断,如各类物化探异常、遥感地质解译等。第三,通过对各类物化探异常进行分析研究,推断出矿致异常,找出成矿的有利部位,推算盲矿体的分布范围、数量、位置、形态、规模、产状、埋深情况等;根据推断的地质特征,进行钻探、坑探等工程验证,发现并评价盲矿体。

矿产勘查

矿产勘查亦称矿产资源勘查或矿产地质勘查。它是在区域地质调查研究的基础上,根据国民经济和社会发展的需要,运用地质科学理论,对矿床地质和矿产资源所进行的系统研究工作。矿产勘查是矿产预查、矿产普查、矿产详查与矿产勘探的总称。

矿产勘查工作是一种特殊性质的生产劳动,是一项具有科学研究与生产实践双重性质的工作,也是国土资源调查的一项基础工作。矿产勘查目的在于发现、探明矿产资源,保证国民经济建设和社会发展的基本需要。它是基础产业的基础,是基础设施建设的先导。

矿产勘查阶段划分:矿产勘查阶段的划分是由勘查对象的性质、特点和勘查生产实践需要决定的,或者说是由矿产勘查的认识规律和经济规律决定的。阶段划分的合理与否,将影响到矿产勘查与矿山设计、矿山建设的效率与效果。1999年我国颁布的《固体矿产资源/储量分类》国家标准(GB/T17766—1999),将矿产勘查划分为预查、普查、详查、勘探四个阶段。

矿产资源预查

依据区域地质和(或)物化探异常研究结果、初步野外观测、极少量工程验证结果、与地质特征相似的已知矿床类比、预测,提出可供普查的矿化潜力较大的地区。有足够依据时可估算出预测的资源量,属于潜在矿产资源。

预查阶段分为区域矿产资源远景评价和成矿远景区矿产资源评价两种类型。

(1) 区域矿产资源远景评价。区域矿产资源远景评价是指对工作程度较低的地区,在系统收集和综合分析已有资料基础上进行的野外踏勘、地球物理勘查、地球化学勘查、三级异常查证,圈定可供进一步工作的成矿远景区的预查工作。条件具备时,估算经济意义未定的预测资源量。

(2) 成矿远景区矿产资源评价。成矿远景区矿产资源评价是指对工作程度具有一定基础的地区或工作程度较高的地区,运用新理论、新思路、新方法,在系统收集和综合分析已有资料的基础上,对成矿远景区所进行的野外地质调查、地球物理和地球化学勘查、三—二级异常查证、重点地段的工程揭露,圈出可供普查的矿化潜力较大地区的预查工作。条件具备时,估算经济意义未定的预测资源量。

预查工作内容:全面收集成矿远景区内的各类地质资料,开展预测工作,初步提出成矿远景地段。全面开展野外踏勘工作,实际调查已知矿点、矿化线索、蚀变带,以及物探、化探异常区,了解矿化特征,以及成矿地质背景,进行分析对比,并对成矿远景区资源潜力进行总体评价。在全面开展野外踏勘工作的基础上，择优对物探、化探异常进行三—二级查证工作，择优对矿化线索较好的地段开展探矿工程施工，提出成矿远景区资源潜力的总体评价结论，提出新发现的矿产地和可供普查的矿产地，估算矿产地预测资源量，编制远景区及矿产地各类图件。

普查

普查的目的是对预查阶段提出的可供普查的矿化潜力较大的地区和物探、化探异常区，对发现的主要矿体（点）进行稀疏工程控制、主要物探和化探异常及推断的含矿部位验证，对普查区的地质特征、含矿性和矿体（点）作出评价，提出是否进一步详查的建议及依据。

普查的任务是在综合分析、系统研究普查区内已有各种资料的基础上，进行地质填图，露头检查，大致查明地质、构造概况，圈出矿化地段，采用有效的物探、化探技术方法，用数量有限的取样工程揭露，对主要矿化地段，大致控制矿点或矿体的规模、形态、产状，大致查明矿石质量和加工利用的可能性，顺便了解开采技术条件，进行概略研究，估算推断的内蕴经济资源量等，必要时圈出详查区范围。

（1）地质研究。全面搜集区内各种地质资料和研究成果，注重搜集和研究区内与矿体（点）形成有内在联系的成矿地质条件资料进行分析。进行地质填图，大致查明普查区的控矿地质条件。

（2）矿产研究。依据区内矿产、地球物理、地球化学资料和重砂异常、遥感影像特征，结合区域成矿地质背景、已有矿产资料，对重点解剖的主要矿体（点），运用区域成矿规律和新理论进行深入研究，指导区内的找矿工作。注重综合评价，应了解共生、伴生矿产及其品位和质量，并研究其分布特点。

（3）开采技术条件研究。顺便了解与矿山开采有关的区域和测区范围内的水文地质、工程地质、环境地质条件。

（4）矿石加工技术选冶性能试验。对已发现矿产应与同类型已开采矿产的矿石物质组成、结构构造、嵌布特征、粒度大小、品位、有害组分等进行类比，并就矿石加工选冶的可能性作出评述；对无可比性的矿石应进行可选（冶）性试验或加工技术性能试验。

对发现的矿体，地表用稀疏取样工程，深部有极少量控制性工程证实，大致控制其规模、产状、形态、空间位置,并分别详细记录矿体实测和有依据推测的规模、长度、厚度及可能的延深。

详查

详查是对普查圈出的详查区,通过大比例尺地质填图及各种勘查方法和手段,进行比普查阶段密的系统取样,基本查明地质、构造、主要矿体形态、产状、大小和矿石质量,基本确定矿体的连续性,基本查明矿床开采技术条件,对矿石的加工选冶性能进行类比或实验室流程试验研究,作出是否具有工业价值的评价。必要时,圈出勘探范围。对直接提供开发利用的矿区,其加工选冶性能试验程度,应达到可供矿山建设设计的要求。

通过1∶10 000～1∶2 000地质填图,基本查明成矿地质条件,通过系统的取样工程、有效的物探、化探工作,控制矿体的总体分布范围,基本控制主矿体的矿体特征、空间分布,基本确定矿体的连续性,基本查明矿石的物质组成、矿石质量。对可供综合利用的共、伴生矿产,进行相应的综合评价。对矿床开采可能影响的地区(矿山疏排水水位下降区、地面变形破坏区、矿山废弃物堆放场及其可能污染区),开展详细水文地质、工程地质、环境地质调查,基本查明矿床的开采技术条件,指出影响矿床开采的主要水文地质、工程地质、环境地质问题,对矿床开采技术条件的复杂性作出评价。对矿石的加工选冶性能进行试验和研究,易选的矿石可与同类矿石进行类比,一般矿石进行可选性试验或实验室流程试验,难选矿石还应做实验室扩大连续试验。直接提供开发利用时,试验程度应达到可供设计的要求。

在详查区内,依据系统工程取样资料,有效的物探、化探资料以及实测的各种参数,用一般工业指标圈定矿体,选择合适的方法估算相应类型的资源量,或经预可行性研究,分别估算相应类型的储量、基础储量、资源量,为是否进行勘探决策、矿山总体设计、矿山建设项目建议书的编制提供依据。

勘探

勘探是对已知具有工业价值的矿床或经详查圈出的勘探区,通过加密各种采样工程,其间距足以肯定矿体(层)的连续性,详细查明矿床地质特征,确定矿体的形态、产状、大小、空间位置和矿石质量特征,详细查明矿体开采技术条件,对矿产的加工选冶性能进行实验室流程试验或实验室扩大连续试验,必要时应进行半工业试验,为可行性研究或矿山建设设计提供依据。

(1) 矿区(床)地质研究程度。通过1∶1 000~1∶2 000地质填图,详细查明地层层序、含(控)矿岩系层位、岩性、厚度及分布规律。

详细查明控制和破坏矿体(层)的较大地质构造的规模、产状及分布范围。

详细查明与成矿有关的岩浆岩类型、岩性、产状、形态、规模、时代、分布规律及相互关系,确定对矿体的影响程度。

(2) 矿体(层)地质研究程度。通过加密各种取样工程和其他地质工作,详细查明矿体(层)的赋存部位、空间分布范围、数量、规模、形态、产状、厚度、夹石分布及其变化规律。

详细查明矿体(层)在走向、倾向上矿石质量变化特征,矿物组合及分布规律。

通过调查和试验,详细查明影响矿体开采的主要水文地质、工程地质、环境地质问题。

探矿工程的类型

探矿工程也称为勘探工程。目前对于金属、非金属矿床勘探来说,经常大量采用的探矿工程是坑探和钻探。

坑探全称为坑探工程,是为了揭露和探查矿体以及进行其他地质勘查工作而挖掘的坑道工程,分为地表坑道(包括浅坑、剥土、探槽、浅井)与地下坑道(包括竖井、斜井、暗井、石门、平窿等)。坑探的特点是人员可进入工程内部,对所揭露的地质及矿产现象能进行直接观测及采样,能检验钻探和物化探资料或成果的可靠程度,获得比较精确的地质资料,探明精度较高的矿产资源量/储量,特别是勘探地质构造复杂的稀有金属、放射性元素、有色金属及特种非金属矿床时常用的手段。

钻探的施工

钻孔设计阶段:要求编制矿体的理想勘探线剖面图,在理想勘探线剖面图上,定出勘探工程截穿矿体的位置、确定钻孔在地表的位置、钻孔类型及终孔深度等;编写钻孔施工设计书,绘制钻孔理想柱状图。

野外实地定孔：利用皮尺、罗盘（或高精度 GPS）在野外实地确定钻孔位置。对于斜孔，要求放置定向桩。

施工阶段：钻机安装到位后，地质人员测量主动钻杆倾角、方位角，讲解有关钻探要求，宣布开钻。钻机开工后，钻机工人要严格按照《岩芯钻探规范》进行测斜、丈量钻具、简易水文观测等，对取出的岩芯要按顺序摆放到岩芯箱中并按规定放置岩芯牌。地质人员对取出的岩芯要进行认真编录，对矿化较好地段取样分析，探索含矿性。

达到地质目的后，地质人员向钻探人员下达停钻通知书及封孔通知书。钻探施工人员按要求进行封孔、观测稳定水位等，并向岩芯库移交岩芯。

地下钻探

地下钻探又称坑道钻，是指在勘探坑道或开采坑道里所进行的钻探工作。其主要用于勘探矿体的较深部分、寻找盲矿体以及钻凿爆破孔或者知道坑道的掘进方向等。利用地下钻探比延伸坑道探矿经济，比直接从地表钻进可以节约大量在围岩中的进尺，还可以钻进任意角度的钻孔。为了安装钻探设备，一般需要在坑道内开凿专门的硐室来安放钻机及设备等。

机械岩芯钻探

钻进时，在孔底保留岩芯，并主要以提取出的岩芯来研究、了解地下地质和矿产情况的钻探方法，称机械岩芯钻探。

海上钻探

海上钻探是以地质勘探工作为目的而在海洋、海湾等海域内所进行的钻井工程。海上钻探按其所担负的工作性质可分为近海浅钻钻探、海上石油钻探和大洋钻探。它除了具有陆地钻探的特点外，由于在钻机与井口之间隔着一层深度不等的海水，因此就大大增加了海上钻探的复杂性。首先必须有一套适应海上条件的钻探装置，以便把钻探设备等支撑在海面上，并提供工作的场地；还要设置一套从海底井口到海上钻探装置之间的特殊隔水通道，以循环泥浆、引导钻具及套管。

海上钻探已经有几十年的历史,早期均在海滨浅水处,采用人工岛和固定平台式的钻探装置。利用移动式海上钻探装置到外海几十米以上的深水处进行钻探,则是20世纪50年代初才开始的。

槽探

探槽是为了揭露基岩,用于观察地质现象和取岩、矿样而从地表挖掘的一种槽形坑道。其横断面通常为倒梯形,槽的深度一般不超过3米。探槽断面规格视浮土性质及探槽深度而定,一般以利于工作、保证安全为原则。

探槽一般要求垂直矿体走向布置,当矿体形态复杂、产状不明时,也可沿矿体的平均走向或根据物探资料进行布置。探槽按其作用不同分为主干探槽和辅助探槽。

主干探槽布置工作区的主要地质剖面上应尽量垂直含矿层、含矿带、构造带和围岩的走向,以研究地层剖面、矿化规律与揭露已知矿体平行的矿体等,工程量一般较大。

辅助探槽是加密与主干探槽之间的短槽,用于揭露矿体界线及有关地质界线。它可与主干探槽平行,但必要时亦可不平行,工程量较小。

坑探工程的施工

(1)坑道施工原则:

① 坑探工程必须按照地质要求进行设计和施工。

② 施工设计必须经过主管部门批准后方准施工。坑探工程必须按照设计进行施工。在施工过程中,需变更设计时,应经原设计审批单位批准,并下达设计变更通知书。

③ 坑探工程的设计与施工,必须贯彻安全生产的方针,即抓生产必须抓安全。

④ 一切从事坑探生产的人员,必须熟悉本工程的操作技术和安全知识。对新工人要进行技术及安全教育。坑探技术人员、安全人员、分队领导,应以身作则,严格遵守坑探规程,不准违章作业。

(2)断面规格与深度:

① 掘进断面规格应根据地质要求、井巷深度、设备的外形尺寸以及必要的

安全要求和安全间隙等确定。井、巷深度必须符合地质要求。

② 平巷掘进断面的高度不应低于1.8米,斜井不应低于1.6米,斜井倾角一般应小于35°。浅井深度一般不超过20米。

③ 探槽长度以地质设计为准,深度不应超过3米,槽底宽度不应低于0.6米。

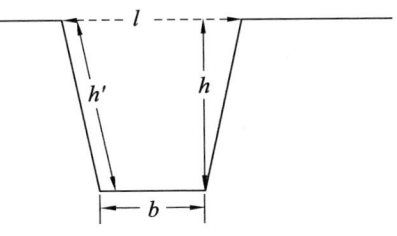

探槽断面示意图
h. 探槽深度　h'. 探槽斜度
l. 探槽口宽　b. 探槽底宽

(3) 探槽掘进施工要求:人工掘进,禁止采用挖空槽壁底部使之自然塌落的方法。采用爆破法,应严格按照安全规定控制装药量和抛掷距离。凡影响交通、危及人畜安全的探槽,在地质素描、取样后,必须及时回填。

(4) 浅井掘进施工要求:

① 浅井掘进,可采用普通的凿岩爆破法,也可用取样钻在地表钻孔,堵塞后由上向下分层爆破。

② 浅井井口段必须支护,井口框架应用坚实的木料、金属或钢筋混凝土制作。井身段根据地层情况选择支护方式。井口应设安全栏杆。

③ 在井壁不稳定的砂砾层、含水层掘进时,必须采取止水、降低水位、加强支护等措施,防止砂土流失空帮。

④ 井下施工,贯彻安全生产的方针,严禁违章作业。

⑤ 在山坡掘进浅井时,应先清除井口上坡及附近的松石。上下均有井位时,应先完成下部浅井后再掘进上部浅井。在平地掘进浅井时,距井口5米以内不准堆放碎石和物料。

⑥ 浅井支护的拆除,必须由下而上,边回填边拆除。浅井在完成地质任务后,应及时回填。

(5) 平巷掘进施工要求:

① 坑口应设在既能满足地质要求又能保证施工安全的位置,应尽量选在岩石完整、坚固的部位。

② 坑口必须支护。支护体在坑口外部分不得低于3米。在破碎松散岩层开口时,应采取加强支护或超前支护等有效措施。

③ 坑口地处道路上方陡坡时,应采取有效措施防止出碴、爆破等造成事故。坑口地处交通干线下施工时,坑道上方覆盖的岩体厚度不得小于15米。坑道穿过铁路、公路时,应征得有关部门同意后,方可施工。

④ 凿岩、爆破、装岩、运输等技术方法和施工要求,必须按施工设计进行。

(6) 斜井掘进施工要求:斜井口要设挡车、阻车器,井内要有防跑车装置。深度超过30米时应设人行梯道,供人员上下,超过100米时可乘斜井人车上下,人车使用前要有专人进行安全检查。井口段必须支护,井口周围应挖排水沟。掘进按施工设计进行。

(7) 竖井掘进施工要求:井口必须设围栏、井口盖,井下应设护板,中段口应设围栏和挡车器。在不稳定的地层或含水层施工时,必须制定专门的安全技术措施,采取降低水位或止水加固后施工。竖井应设梯子间,50米以上的竖井,还应配罐笼供人员上下。施工人员必须佩戴安全帽,佩挂安全带。安全带必须拴在牢固的构件上。具体掘进方法按施工设计进行。

(8) 工程质量标准:

① 断面规格:不得小于设计要求,同时不得大于设计断面的20%。

② 掘进方向:水平与倾斜巷道的掘进方向必须符合设计要求。竖井掘进方向必须与水平面垂直,井壁平整。探槽的掘进方向必须符合地质设计要求。

③ 掘进坡度:平巷坡度为0.3%～0.7%,斜井(包括上、下山)的倾斜角度应符合设计要求。斜井的底板要平整。

矿产取样

按一定的规格和要求,从矿体、围岩采集样品通过化验、鉴定,用以确定矿石质量、某些性质和矿体界线的地质工作,称为矿产取样。它的全过程包括从矿体(或某些近矿围岩)上采取原始样品、样品的加工、样品的化验、化验资料的整理与研究等阶段。矿产的取样工作在矿床地质研究的各个阶段(找矿、地质勘探、矿山地质工作)都要进行。取样过程中,一定要注意样品的代表性、全面性和系统性。

矿产取样的种类

矿产取样的种类很多,但根据取样的目的,可分为化学取样、矿物取样、技术取样、技术加工取样四种。

（1）化学取样：化学取样的目的是通过对采集的样品进行化学分析，确定其有用及有害组分的含量，圈定矿体，划分矿石的类型和品级，从而为研究矿石综合利用的可能性，确定合理的采矿、选矿方法等工作提供可靠的依据。化学取样的数量最多，应用最广。在矿床地质研究的全过程中，对绝大部分矿种及各种探、采工程都要进行这类取样工作。

（2）矿物取样（或称岩矿取样）：在采取矿石（有时也包括近矿围岩）的块状标本，进行矿物学、矿相学及岩石学方面的研究，确定矿石或岩石的矿物组成与共生组合、矿物的生成顺序、矿石的结构与构造，用以解决与成矿作用有关的问题；二是鉴定矿石中矿石矿物及脉石矿物的含量、矿物的外形和粒度、某些物理性质（如硬度、脆性、磁性、导电性等）以及有用组分和有害杂质的赋存状态，用以确定矿石的选矿和冶炼加工性能。

（3）技术取样（即物理取样）：其目的是研究矿石或近矿围岩的各种物理机械性质和技术性质。根据矿种的不同，又有两种情况：对于一般矿产来说，技术取样是为了确定矿石（有时也包括部分近矿围岩）的体重、湿度、松散系数、强度、块度等性质，为资源储量计算和采掘设计提供依据；对于某些非金属矿产来说，技术取样是确定矿产质量的主要方法。例如对云母矿来说，主要是确定云母片的大小、透明度、导电系数、耐热强度；对石棉矿，则是确定其纤维长度、韧性、耐火强度；对压电石英，则是确定其晶体的大小、颜色、压电性能等。技术取样的特点：一般是以单矿物或矿物集合体为样品，采集时要特别注意其完整性，尽量避免损伤。

（4）技术加工取样：其目的是通过进行选矿、冶炼等性能的试验，了解矿石的加工工艺和可选性质，从而确定选矿、冶炼的生产流程和技术措施，对矿床作出正确的经济评价。

技术加工取样可分为实验室试验、半工业试验、工业试验等三种。实验室试验所需样品重量较小，可初步确定矿石的提取方法、回收率及试剂的消耗量，用来评定矿产被利用的可能性；半工业试验和工业试验，则需采集大量样品，并尽可能在接近正式生产条件下进行试验，为选矿、冶炼设备的选择和工艺流程的确定提供可靠依据。技术加工样主要是在详查勘探阶段采取，在生产矿山，只有当改变选治方法或发现新的矿石类型（如大冶铁矿深部发现菱铁矿)时,才要求重做技术加工试验。

矿产取样的方法

人们在长期的取样实践工作中,总结出了各种不同取样方法,现仅对化学取样和技术加工取样中常用的几种方法进行简要介绍。

(1)刻槽法。刻槽法是沿矿体的厚度方向或矿石质量变化最大方向按一定的规格刻凿一条长槽,收集从中凿下的全部碎块和岩粉作为一件样品的取样方法,见下图。样槽断面的形状常用长方形,并且不同的矿种其断面规格(宽度×深度)不尽相同。刻槽法的优点是所采样品的代表性较强,缺点是人工刻槽效率太低,粉尘对人体有害。

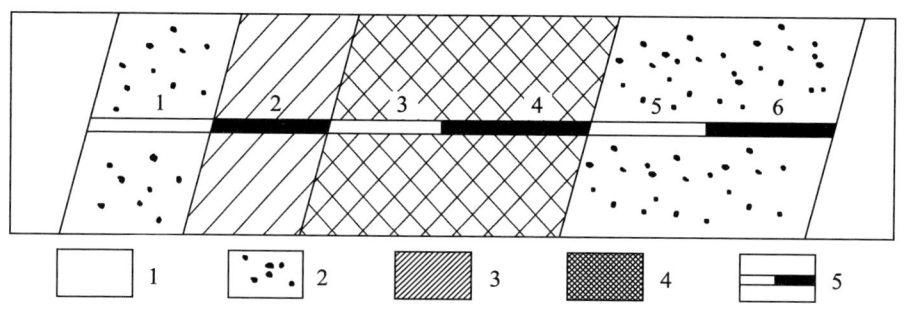

矿体具有带状构造时的连续分段刻槽取样
1. 围岩 2. 浸染状矿石 3. 稠密浸染状矿石 4. 致密状矿石 5. 样槽

(2)剥层法。剥层法是在矿体出露面上按一定规格凿下一层矿石作为样品的采样方法。剥层法适用于厚度较小、有用组分分布不均匀至极不均匀、颗粒粗大的矿床。本方法的优点是精确度较高,适用于检查采样的精度,缺点是采样工作量大、成本高、效率低。

(3)全巷法。全巷法是在坑道掘进的一定范围内采取全部作为样品的一种取样方法。全巷法取样主要用于技术取样和技术加工取样、矿化极不均匀的矿床的采样、检查其他采样方法等。全巷法采样的优点是,样品重量大、代表性强、精度高,缺点是采样方法复杂、样品重量巨大、加工和搬运工作量大、成本高,只有当其他方法不能保证取样重量时才采用此方法。

(4)刻线法。刻线法是在矿体上的取样地点,刻一条线形小沟以采取矿石样品的一种方法。这种方法可以看做刻槽法的一种变形。样品采集时注意样沟要直,当矿体厚度太小,样品重量可能达不到要求时,可加大样沟的断面或增加样沟数量。刻线法的优点是简单、快速、成本低,缺点是精度低,适用于矿化均匀的矿床或矿点检查等工作。

(5)方格法。方格法是在露头上或坑探工程中的矿体出露部位按一定网格打取矿石碎块的取样方法。网格形状有菱形、正方形、长方形等(见图)。样品在网格的交接处采集,最后合并为一个样品。方格法对矿化均匀且矿体厚度较大的矿床取样效果均较好。

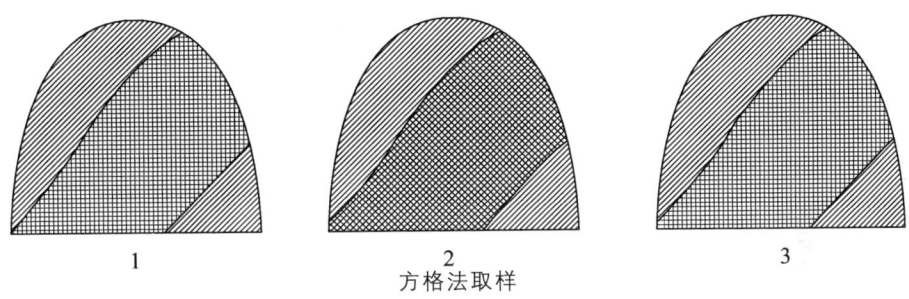

方格法取样

1. 正方形网 2. 菱形网 3. 长方形网

(6)攫取法。攫取法是在矿石堆上或矿车上按一定间距均匀拣取矿石作为样品的一种采样方法。目的是检查矿石质量或矿石贫化率。应用攫取法时,要求坑道必须在矿体内掘进,以保证样品不被围岩贫化。攫取法适用于矿化均匀至较均匀的矿床,是矿山地质工作中对矿车和矿石堆进行采样的唯一有效的方法。该采样方法的优点是操作简单、工作效率高。

(7)打眼法。打眼法也称炮眼法,是在坑道掘进过程中,收集矿石碎屑和粉尘作为样品的一种采样方法

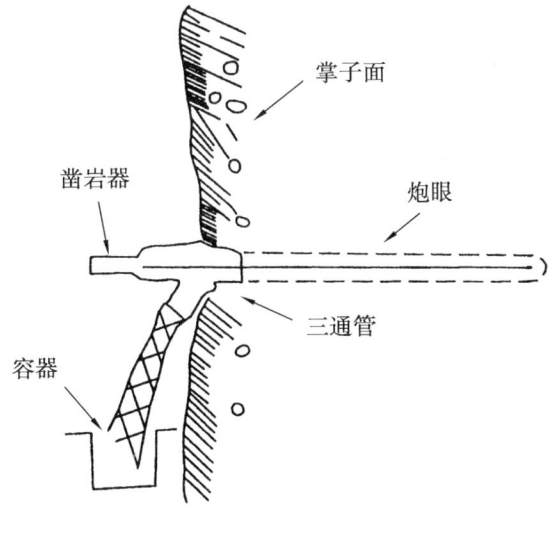

打眼法取样示意图

(见图)。打眼法的优点是取样代表性强、省时省工、成本低、机械操作、效率高,缺点是不能把样品布置在矿体质量变化最大方向上,不能对有分带矿体进行分段取样。

(8) 钻探取样。将钻探中提取出来的岩矿芯用劈岩机劈成两半,取其一半作为样品,另一半保留下来,以备检查和用作地质研究。

(9) 实测统计法。实测统计法首创于我国某钨矿山,其方法是在坑道顶板或天井帮上,取 2 米长作为一实测统计单位(一个样品的范围),用钢尺测出矿体暴露的总面积和其中黑钨矿所占的面积,可用下式换算出黑钨矿体的矿石品位:

$$C = \frac{\sum S_w \times Q_w \times C_w}{(\sum S_q - \sum S_w) Q_q + \sum S_w \times Q_w} \times 100\%$$

式中:C——黑钨矿体的矿石品位;

$\sum S_w$——一个样品范围内黑钨矿面积之和;

Q_w——黑钨矿密度(6.7～7.5);

C_w——黑钨矿中 WO_3 的平均含量(74%);

$\sum S_q$——一个样品范围内矿脉面积的总和;

Q_q——石英密度(2.65)。

上式仅适用于脉石矿物只有石英的黑钨矿脉,假设其深度为 1。

这种方法的优点是将样品的采取、加工和化验简化为一个步骤。它们只适用于有用组分单一、有用矿物颗粒粗大、有用矿物与脉石矿物种类单一且易于区分的矿床。目前仅少数钨、锑矿山使用。

(10) 物理仪器测定法。物理仪器测定法是目前国内外正在大力研究和试用的直接在现场测定矿石品位的方法。例如,利用放射性测定仪器直接测定放射性元素矿产的质量;用电测法确定某些金属矿产的质量;使用较广泛的还是最近几年新出现的同位素 X 射线荧光分析仪,它能测出几十种元素的含量。手提式的此种仪器携带方便,可用于掌子面爆下矿石堆、岩(矿)芯、岩(矿)泥(粉)的品位测定,加一个特制的探头后,还可将探头伸入到钻孔内测定品位。可以预计不久的将来,物理仪器测定法将会得到大量的推广。

化学样品的加工与化验种类

（1）样品的加工。所采集原始样品的质量是比较大的，常为 0.5～50 千克。一般为 2～5 千克，样品的块度也是比较大的。进行化学分析的样品，最终质量只需 1～2 克，颗粒直径也要求小于 0.1 毫米，所以在进行样品的化学分析之前，必须对样品进行加工处理。它的具体步骤：破碎—筛分—拌匀—缩分。将这一过程反复进行数次，直至达到化学分析的要求为止。一般来说，原始样品的质量愈大，则加工的过程也就愈繁杂、愈慢，成本也愈高。

为此，样品加工时必须遵守这样的原则：过程要简单，速度要快，成本要低，缩减后样品的代表性要强。

（2）样品的化验种类。基本分析（又名单项分析或普通分析）：只要求分析矿石中主要有用组分的含量，它是用来评价矿石质量最常用的一种分析，其样品数目最多，差不多每个样品都要进行这类分析。例如，铅、锌矿床中分析铅、锌；铁矿床中分析全铁和磁性铁。

多元素分析及组合分析：多元素分析是检验矿石中伴生的有用及有害元素的情况，借以提供组合分析的项目。组合分析则是为系统地研究伴生的有用和有害组分提供资料，其样品是由相邻的 8～12 个基本分析副样所组成的，而且必须按同一矿体的同一类型或同一品级矿石进行组合。

合理分析：其目的在于区分矿石的类型和品级界线。如硫化矿床可划分为氧化矿石、混合矿石、原生矿石等。样品的采取是以肉眼鉴定为基础的，在分界处附近采集 5～20 个样品，作为进行合理分析的样品。

全分析：将矿床中由光谱分析所确定的全部元素作为分析项目，了解矿床中可能存在的全部化学成分及其含量，为研究成矿规律和矿石的综合利用提供资料。

油气田勘探

油气田勘探是在已经发现的工业油气藏上，为进一步查明油气藏的大小、储量和含油面积，查明油气藏的类型及纵横向上的各种变化规律，为油气田的开发设计提供必要的资料和数据而进行的钻探和研究工作。油气田勘探的工作主要是在地震详查或细测的基础上部署一批或几批探井，并对所钻探井安排一定数量的取芯、录井、测井、试油、试采、取（油气水）样及有关的实验室测试工作。油气田勘探的最终成果要提供相应类别的资源/储量。

煤田勘探

煤田勘探是在煤田普查的基础上，对矿区煤炭资源进行工业评价的地质工作。煤田勘探应按国家建设急需，根据普查工作结果，选择资源条件较好、开发条件有利的地区进行。煤田勘探一般先进行初步勘探（相当于矿区详查），为矿区总体设计提供基本的地质资料，在此基础上划分井田，然后按井田进行详细勘探（相当于井田精查），其结果要为矿井设计提供可靠的地质依据。

煤田预测

煤田预测是根据地质资料推断新煤田和扩大已知煤田远景的工作。通常是根据区域地质测量、普查与勘探及群众报矿等资料，分析各地区各主要成煤期聚煤作用的大地构造、古地理等条件，研究煤系的分布规律，指出找煤方向，指导煤田普查工作。煤田预测主要用图件反映，煤田预测图是结合普查、勘探资料综合分析编制的，反映煤田预测的最终成果。图中应反映出勘探程度和预测的可靠程度，如将预测区划分为"可靠的"、"较可靠的"和"可能的"。煤田预测应充分利用已有资料，并应投入适当的野外地质、物探和钻探工作量。

煤层取样

煤层取样是指从煤层中采取其具有代表性的一小部分作为化验或实验样品的工作过程。通过煤层取样可以研究煤的物质成分、性质、技术加工特性和它们的变化规律以及其在工业上的利用价值，所以说煤样的采取是勘探时期研究煤质的基础工作，是对工作区工业评价的重要依据，也为研究煤的沉积环境、煤层对比以及环境保护提供必要的资料。

煤层取样工作始终贯穿于各勘探阶段的全过程，不同阶段对煤质研究的任务有所不同，取样工作的要求也不同。

（1）取样形式。按照煤样研究的内容，可将煤层取样分成下列四类：

① 化学取样，即对采取的煤样（如煤芯煤样、煤层煤样）运用化学分析或实验的方法，确定煤的物质成分和特征。

② 工艺取样，其目的在于研究煤的可选性、炼焦性、燃烧和气化等技术加工特性。

③ 煤岩—孢粉取样，其目的是用煤的岩石学特征，研究煤质、成煤条件与环境以及研究煤的变质程度等。孢粉取样，主要解决煤层对比和确定煤层形成的年代，如煤岩煤样、孢粉煤样。

④ 技术取样，其目的是研究煤的视密度（原称容重）、煤的瓦斯成分与含量、煤尘爆炸性、煤的抗碎强度以及其他特殊试验煤样等。

（2）取样方法。一般是从钻孔中或巷道内采取的。钻探可分为一般性的取样钻（探煤孔）和专门的取样孔。巷道内取样，可在勘探施工的各种巷道中或在勘探区内及其附近的生产矿井中取样。

（3）煤样的制备、包装和送验。原始煤样的质量往往较大，需要经过煤样的制备，使其质量和粒度符合化验室的要求才能送验。煤样的制备可分为破碎、过筛、掺和、缩分四个步骤。煤样制备完毕后，应立即包装，并送指定化验测试单位试验。

为了保证煤样化验结果的可靠性，并检查产生误差的原因，在煤样送验时要有一定数量的检查煤样，以便进行内部（化验室内）检查和外部（样品送交具有较高分析水平的化验单位）检查。

与煤共生的其他有益矿产的评价

对于与煤共生的其他有益矿产的评价，一般应利用各种探煤工程进行。对所发现的各种有益矿产，均应在地质报告中加以评述。

普查阶段，初步了解有益矿产的种类及其分布范围、厚度和品位；同时选择部分勘探工程，进行系统采样，先进行光谱分析，然后根据微量元素的含量情况进行定量分析。

在详查阶段，对已发现达到工业品位的矿产，应充分利用探煤钻孔进行采样分析，了解其厚度和品位变化，作出有无工业价值的初步评价。

在精查阶段，对具有工业价值的有益矿产，有针对性地利用勘探坑道进行采样分析、试验，圈定合乎工业品位和可采厚度要求的范围，根据实际达到的工作程度,计算储量,并对开发利用的可能性和途径作出评价。

煤炭资源勘探中发现的各种有益矿产,若需进行专门勘探,必须报请上级机关批准,并执行有关矿种的勘探规范。

地热

地热是地热资源的简称,是指在当前技术和经济条件下,地壳内可供开发利用的地热能、地热流体及其有用组分。地热是世界上的洁净能源之一。据测算,地球内部的总热能量,约为全球煤炭储量的1.7亿倍。每年从地球内部经地表散失的热量,相当于1 000亿桶石油燃烧产生的热量。一般认为,地热主要来源于地球内部放射性元素蜕变释放的热能,其次是地球自转产生的旋转能以及重力分异、化学反应、岩矿结晶释放的热能等。在地球形成过程中,这些热能的总量超过地球散逸的热能,形成巨大的热储量。

地热勘查

普查勘探地热资源,一般采用地表地热调查、钻探和各种物探方法。近年来红外线遥感技术在勘查中取得显著效果。

(1)地热地质调查。地热地质调查是地热地质工作者依据地质理论及常规的地质调查方法进行地热资源勘查的基本手段,一般在地热资源勘查的初期在较大的范围内进行。普遍的做法:对调查区及相邻地区的航卫片进行地质解释,初步判断地热地质条件、地表热显示及有利的地热资源分布区;对调查区的主要地质构造、地质分层、地表热异常及热显示现象进行实地调查分析,选定进一步开展地热勘查工作的靶区;围绕热显区展开,确定热异常范围及热异常形成的地质条件;对于平原区的隐伏地热,地热地质调查则是通过相邻区地质调查分析及浅井测温调查,找出相对的浅部热异常区,确定进一步实施勘查的工作地区。

(2)地球物理勘查。地球物理勘查是深部地热地质勘查的重要手段,一般在地质调查之间及投入地热钻探之前进行,是深部地热钻井前必须采用的一种勘查手段。它借助物探仪器探测地表以下各地层的物性(重力、磁性、电性等)差异,划分地层,确定热储埋藏深度,并对地质构造作出判断,为地热钻井提供设计依据。地球物理勘查常采用的物探方法有电法、磁法、重力法、人工地震等。

（3）地热化学调查。地热化学调查通常与地质调查同步进行或作为地质调查的一个组成部分。它主要是对地下水、地表岩石引起的化学变化的调查分析，从水化学及岩石的细微差异变化中，确定地热异常区分布，判断地热活动特征及其演化历史。

（4）地热钻探。地热钻探是地热勘查最具决定意义的手段。依据地质调查、地球物理、地球化学调查所选定和设计的在一定深度内有可能开采出地热的地段上进行，通过地热钻探查明地层结构、岩性特征、各岩层的埋藏深度、地温变化梯度、热储的渗透性、地热流体压力及其物理性质与化学组分，为地热资源评价提供依据。地热钻井应满足地热井产能测试、生产或动态监测的需要。地热钻井深度目前一般小于 4 000 米，选用钻井能力略大于设计井深的钻机实施钻井。

（5）产能测试。地热钻井普遍采取探采结合的方式进行，即一旦地热勘查钻井取得成功，即可能作为地热开采井投入使用。产能测试，确定地热井的流体压力、产量、温度、热储的渗透性等，为地热资源评价提供实测资料，为地热井生产提供依据。产能测试包括降压试验、放喷试验和回灌试验等。

（6）地热流体与岩土实验分析。地热流体与岩土实验分析主要是对地热流体的化学组分、微量元素、放射性元素、气体含量等进行分析测定。选择代表性岩土样测定其密度、比热、热导率、渗透率、孔隙率等或进行磨片鉴定，为地热地质条件的分析、资源评价与开发利用提供依据。

（7）地热动态监测。目的是掌握其变化规律，为地热资源评价、地热开发管理、研究与地热田开发有关的环境地质问题提供依据和基础资料。动态监测内容包括地热流压力、产量、温度及化学成分，应保持动态监测的连续性，真实反映地热开发的历史性变化。

（8）可行性论证。地热资源开发的投资高、风险大，投入地热资源开发前一般都进行钻井前期的可行性论证。可行性论证工作由地热资源开发单位委托对当地地热地质条件了解的专业地质勘查单位进行。论证报告对地热资源开发的可能性、风险因素作出论证，推荐合适的钻井位置，提出钻井深度、开采热储层位及钻井结构建议，预测井的产水量、水温和水质。论证报告应在地质调查、深部地球物理勘查及充分利用已有的地质调查、地球物探、地球化学及深部地热钻井资料的基础上进行。对地热资源开发新区及开发风险大的地区,其论证报告应组织有经验的专家评审后,再申报主管部门作为钻井开发地热的依据。

矿产资源的评价

矿产地

在矿产勘查的各个阶段中,矿产地的含义有所不同。大致可分为新发现矿产地、可供普查的矿产地、可供详查的矿产地。

(1) 新发现的矿产地。新发现的矿产地是指通过各类地质调查工作(在项目工作期内)或者根据群众报矿、群众采矿线索新发现的,并经过矿产调查工作证实为有进一步工作意义或具有工业价值,具有一定规模,作出初步评价的矿区。

(2) 可供普查的矿产地。可供普查的矿产地是指通过矿产资源预查的矿区,矿点检查、物化探异常查证新发现矿产地,或由地质可靠程度较高的基础储量或资源量外推的地段,矿床规模已达到小型以上,成矿条件有利,具备开展普查工作的条件。

(3) 可供详查的矿产地。可供详查的矿产地是指通过矿产资源普查的矿区或由地质可靠程度较高的基础储量或资源量外推的地段,矿产勘查工作程度已达到普查要求,矿床规模达到中型以上,具备开展详查工作的条件。

矿床、矿田、矿带

矿床是指由一定的地质作用,在地壳的某一特定地质环境内产出并适合于当前开采利用的矿物堆积体。随着社会生产力的不断发展,科学技术的不断进步,人们对矿床的认识和使用能力也不断提高,如因对各种矿物原料需求量的不断增加,矿床的范畴也在不断变化。例如,过去认为没有使用价值的某些含稀有元素的"岩石",或认为没有开采价值的低品位矿化岩石,现在有许多已作为矿床被开发利用。

矿田是指由一系列在空间上、时间上、成因上紧密联系的矿床组合而成的含矿地区,亦即矿带中的矿床、矿化点、物化探异常最集中的地区。一个矿带或成矿亚带、成矿区或成矿亚区往往由若干个矿田构成。

矿带是指在地质构造、地质发展历史以及在成矿作用上具有共性的地区,多呈狭长的条带状分布。矿带的范围一般与一、二级构造单元或构造体系一致,如太平洋成矿带、特提斯成矿带等。

成矿物质来源于上地幔硅镁质岩浆的矿床

(1)正岩浆矿床。指在岩浆期通过岩浆分异和岩浆结晶作用产生的矿床。这类矿床的特点:矿体的成分(矿物成分和化学成分)与围岩无大差别,只是前者所含的有用矿物成分富集程度达到了能为工业利用的程度。正岩浆矿床包括结晶分异(分凝、分结)作用的早期岩浆矿床、岩浆熔离作用的熔离矿床和残余熔融作用的晚期岩浆矿床。

早期岩浆矿床也称岩浆分异(分结)矿床,是指岩浆作用的早期,由于结晶分异作用使成矿物质早于一般的造岩矿物或是与最早结晶的造岩矿物同时从岩浆熔融体中结晶出来,富集而成的矿床。早期岩浆矿床的矿多具自形晶结构。矿体一般呈瘤状、巢状、透镜状或层状。主要矿产有铬铁矿、铂矿和铂族元素。

晚期岩浆矿床是指在岩浆结晶作用的晚期阶段,在部分矿化剂的作用下,使成矿物质富集并晚于主要造岩矿物之后析出形成的矿床。矿体主要呈层状、似层状、透镜状,其次为脉状的贯入矿体等。矿石常具有海绵陨铁结构及浸染状、块状构造,属于这类矿床的如钒钛磁铁矿床等。

熔离矿床是指岩浆中的成矿物质(硫化物、氧化物或磷酸盐等)在岩浆熔离作用下,在液态时从硅酸盐熔浆中分离出来冷凝后形成的矿床。如与基性—超基性岩有关的铜—镍硫化物矿床多为熔离矿床。

(2)夕卡岩矿床。夕卡岩矿床是产生于火成岩体与碳酸盐类岩石或火山—沉积岩系接触带的接触交代矿床。一般距火成岩200~400米,少数可达1 000米以上。矿床一般是在中到浅成深度条件下形成的。矿化主要受接触带控制,其中一部分产在内接触带中,即火成岩体内;大多数产在外接触带中,即围岩内。矿体形态较为复杂,矿体常呈似层状或不太规则的透镜状、囊状、脉状等,规模大小变化很大。有关的矿产有铁、铜、铍、锡、钼、钨、铅、锌、硼和水晶等。

（3）斑岩矿床。凡是在时间上、空间上和成因上与钙碱性的浅成或超浅成相的中酸性斑岩体有关的细脉浸染状矿床统称为斑岩型矿床。它主要包括斑岩铜矿、斑岩钼矿、斑岩锡矿、斑岩钨矿、斑岩金矿和斑岩铅锌（银）矿。

（4）玢岩矿床。玢岩矿床一般是指在陆相安山质火山岩分布区与喷发晚期的辉长闪长玢岩等次火山岩有空间、时间及成因上联系的一组（铁、磷、硫、石膏）矿床。

成矿物质来源于硅铝层重熔—再熔混合岩浆的矿床

（1）伟晶岩矿床。伟晶岩是一种矿物成分与母岩体相似而结晶粗大的地质体，伟晶岩中的有用组分达到工业要求时，即成为伟晶岩矿床。具有经济价值的伟晶岩主要为花岗伟晶岩，少数为碱性伟晶岩。花岗伟晶岩矿床除开采长石、云母和石英外，常因其中富集锂、铍、铌、钽、铀、稀土等稀有元素矿物而构成各种稀有元素伟晶岩矿床。其特征是矿物颗粒粗大或巨大，矿物分布很不均匀，有时具带状构造。矿体多呈不规则脉状、透镜状等，常成群出现，构成伟晶岩矿田。

（2）钠长岩矿床。钠长岩矿床因岩石中主要组成矿物——钠长石含量通常占50％～90％而得名。主要指交代成因的钠长岩，它分布广泛，与稀有稀土矿床的形成关系。钠长岩主要是由正长花岗岩和碱性花岗岩通过不同程度的碱质热液交代作用形成的。组成岩石的主要矿物为钠长石、微斜长石和石英。钠长岩富含 Nb、Ta、Zr、Rb、Cs、Li、REE 和 U 等，当其达到工业要求时，就构成钠长石型稀有稀土和铀矿床。

（3）云英岩矿床。云英岩矿床系指在成因上和空间上与酸性侵入体有关的一类以钨、锡、铍、钼、铋为主的高温热液矿床，并以典型围岩蚀变——云英岩化特别发育来命名的。云英岩化和矿化属于同一岩浆期后热液作用下的产物，它们有着十分密切的成因和空间关系。云英岩主要由石英和云母等矿物组成，并常伴生电气石、黄玉和萤石等含挥发分的矿物以及黑钨矿、白钨矿、锡石、辉钼矿、辉铋矿、绿柱石和黄铁矿等金属矿物。

（4）绢云岩—青盘岩矿床。绢云岩—青盘岩矿床系指在成因上与岩浆岩有关，由热液交代和充填作用形成的，并以绢云岩化、青盘岩化广泛发育为特征的中—低温热液矿床。此类矿床在成因上与侵入体有关,在空间上明显受断裂构造和裂隙控制,是在中—低温热液作用下形成的。当含矿热液进入开放裂隙发育的低压带时,大量的挥发分从热液中逸出,提高了矿液浓度,使矿液中某些组分(有用矿物、硫化物等)过饱和而直接沉淀。随着成矿热液向前向上推进,离母岩体越来越远,含矿热液温度越来越低,交代能力逐渐减弱,在近地表低温条件下则形成充填交代矿床。此类矿床主要包括自然金—多金属硫化物矿床、Ni—Co—Ag—Bi—U 五种元素建造矿床。

成矿物质来源于上部地壳岩(矿)石的矿床

(1) 变质矿床。岩石或早期形成的矿床,受到变质作用,改变了它们原来的形状、结构、构造和物质成分,使原来的物质成分发生强烈的改变或活化转移而富集成为矿床,称变质矿床。变质矿床可分为变质生成矿床(又称变成矿床,如石墨矿床)和受变质矿床(如沉积变质铁矿床)。

(2) 层控矿床。层控矿床是指矿床产出在局限于某一固定地层单位中,并受其控制(见图)。矿体的局部产状可以严格与地层一致,但也可以不一致,可以斜交或穿插层理,如碳酸盐岩层中的层控铅锌矿。层控矿床的成矿

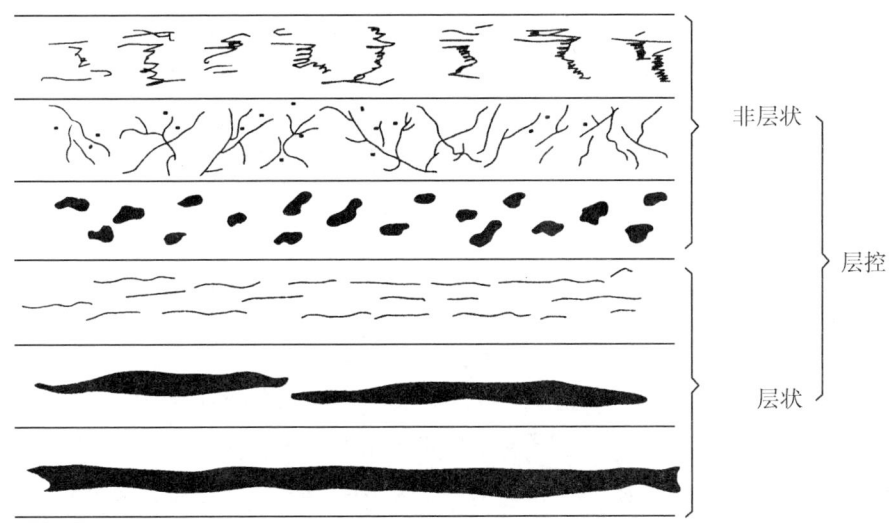

层控矿床矿体与围岩关系示意图

物质一般是多来源的,并在地表或接近地表处定位,成因以沉积和充填为主。

成矿物质来源于地表岩石的矿床

(1) 风化矿床。风化矿床也称风化壳矿床,是指岩石和矿石在地表经各种风化作用下形成的矿床。此类矿床一般有 2 种成矿方式:溶解在水溶液中的物质及分解物质形成的新矿物由水、冰川、风等搬运到水盆地中或附近堆积下来;被保留下来的化学性质稳定的原有矿物在原地或附近堆积下来。与此类矿床有关的矿床以铁、锰、铝、镍、稀土元素、高岭土为重要。

(2) 蒸发沉积矿床。蒸发沉积矿床系指地表水中以真溶液状态携带的某些溶解度较大的无机盐,在较静止的水盆地中,通过蒸发作用形成的一类矿床(见图)。矿床中的有用组分是各种盐类,因此也称为盐类矿床。山东省规模较大的大汶口石膏矿就是此类型。

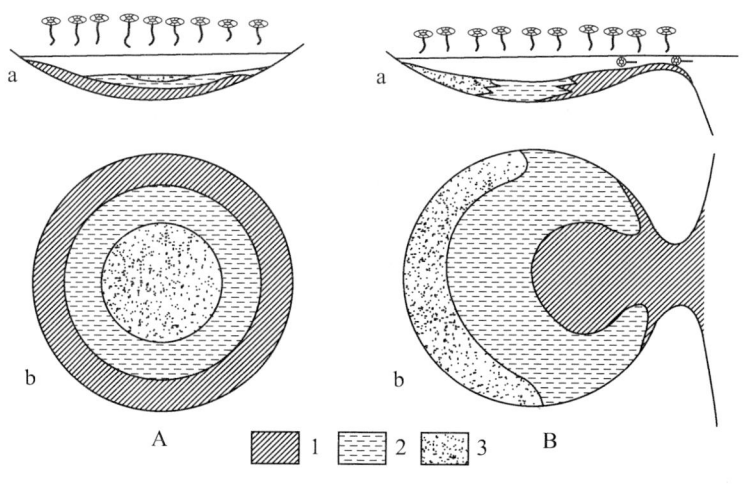

假设的蒸发岩分布型式

1. 碳酸盐　2. 石膏　3. 石盐　a. 剖面图　b. 平面图
A. 完全封闭盆地内的沉积模式　B. 半封闭盆地内的沉积模式

(3) 胶体化学沉积矿床。地表岩石和矿床经风化作用,其分解产物一部分以胶体粒子进入水中呈胶体溶液,这些胶体溶液进入湖、海盆地,在有利聚沉的条件下,通过胶凝作用使有用物质聚集所形成的一类矿床,称为胶体化学沉积矿床。与此类型有关的矿床有沉积铁矿床（如宣龙铁矿、宁乡铁矿等）、沉积锰矿床（如瓦房子锰矿、湘潭锰矿、遵义锰矿等）。

（4）生物化学沉积矿床。凡生物参与的地球化学作用都称为生物化学作用。由生物化学作用促使成矿物质聚集、沉积所形成的矿床，称为生物化学沉积矿床。生物沉积化学矿床一般具以下特点：在矿层中常保存着丰富的化石；矿层多与富含有机质的页岩、砂岩、碳酸盐岩层共生；组成矿床的物质常为各种有机化合物、硫化物、磷酸盐、碳酸盐、氧化物、自然元素等。与生物化学沉积有关的主要矿床有：磷块岩矿床，自然硫矿床，硅藻土矿床，矾、铀矿床，铁、锰矿床，金属硫化物矿床，煤矿床等。

（5）海底喷流—沉积矿床。海底喷流—沉积矿床泛指不同成因的含矿热流体喷溢出海底，并通过不同方式将所携带的成矿组分在喷口向下或侧近沉淀下来富集形成的矿床。沉积物多以金属硫化物为主，构成所谓的"黑烟囱"，但有时以重晶石和二氧化硅为主，则成为"白烟囱"。我国陕南东沟坝金银多金属矿床属此类。

成矿物质来源于宇宙陨石的矿床

自地球形成后，地外物质不断地袭向地球，导致大量的宇宙物质坠落地面。地外物质撞击地球，可使地球表面和在一定深度内地壳发生变形和局部的破碎，也可导致岩浆喷发形成冲击岩浆矿床。加拿大的肖德贝里铜—镍硫化物矿床现在有人认为是冲击岩浆矿床。

矿床评价

矿床评价是矿产普查和勘探的一项重要内容，是为了确定矿床的工业利用价值而进行的地质与技术经济的综合分析工作。一个矿床从发现到勘探，直至矿山建成投产，都是对其不断深入认识和评价的过程。因为各阶段对矿床的研究程度及获得资料的完备程度不同，所以评价结论的可靠程度和成果的用途也不同。据此，矿床评价一般可分矿床远景评价、工业评价等。决定矿床工业价值的主要因素有矿床规模、矿产质量、开采利用的技术条件，以及矿区的自然经济情况和国家的需要等。

矿产综合评价

矿产综合评价是指对矿床中主要矿种进行研究和评价的同时,相应查明共生矿产或矿体中的伴生有用组分,为综合开发和利用矿产资源提供地质资料。实行综合评价,不仅可以提高矿产地质勘探工作的成效,避免重复工作所产生的浪费,而且可以提高矿产的工业价值,为充分合理地开发和利用矿产资源,提供地质依据。此外,对于某些具有多种用途的矿产,按不同工业要求所进行的研究和评价工作,也称矿床综合评价。如按照压电水晶、光学水晶、熔炼水晶或工艺水晶的要求,对水晶矿床所进行的综合评价等。

矿产工业指标

矿产工业指标简称工业指标,是在当前的技术经济条件下,工业部门对矿产质量和开采条件所提出要求的标准,也就是评定矿床工业价值、圈定工业矿体和计算工业矿体资源量/储量所遵循的标准。可以看出,没有这个矿产工业指标,就无法评定矿床的工业价值,当然也就无法进行工业矿体的圈定和估算工业矿产的资源量/储量。

国家所规定的一般矿产工业指标,只能在矿产预查、普查、详查阶段作为矿床评价和资源量估算的参考。提供矿山建设设计的地质勘探报告中所采用的矿产工业指标,是根据国家的各项技术经济政策、资源情况、开采和加工技术的水平,考虑国家当前和长远的需要,由地质勘探单位提出地质资料和对矿产工业指标的初步意见,再经过设计部门在进行技术经济条件比较的基础上,报请领导主管机关批准后下达给地质勘探队,这个工业指标才是最终用以评价矿床、圈定矿体和估算资源量/储量的依据。

一般固体矿产的工业指标包括边界品位、最低工业品位、有害组分最大允许含量、最小可采厚度、最低工业米百分(或米克)值、夹石剔除厚度及剥离系数等。

品位

品位是指岩石中有用组分的含量。因矿种不同,品位的表示方法也不同。大多数金属矿石,如铜、铅、锌等矿石,是以其中的金属含量(重量)百分比表示。有些金属矿石的品位,以其中氧化物(如 WO_3、Ta_2O_5 等)的重量百分比表示。非金属矿物原料的品位,大部分是以其中的有用矿物或化合物的重量百分比表示,如钾盐、明矾石等。贵金属矿石的品位一般以克/吨计,原生金刚石的品位以克拉/吨或毫克/吨计。砂矿的品位一般都以每立方米含有用矿物的重量(克/米^3 或千克/米^3)计,金刚石砂矿则以克拉/米^3 或毫克/米^3 计。

边界品位

边界品位又称"边际品位",是工业部门对固体矿产提出的一项质量指标,指在资源/储量估算、圈定矿体时,对单个矿样中有用组分含量的最低要求,以作为区分矿石与围岩的一个最低品位界限。有用组分含量低于边界品位的样品,其代表的地段一般为围岩或夹石。

工业品位

工业品位全称为最低工业可采品位或最低平均可采品位,是工业部门对矿产提出的一项质量指标,作为划分矿石品级、区分能利用资源量/储量与暂不能利用资源量/储量的标准之一。具体来说,工业品位是指矿体的单个开采块段(或勘探块段)中主要有用组分平均含量的最低要求。也就是说,这种主要有用组分的含量只有达到了这个最低的平均值才具有工业价值。

共生伴生矿产

(1) 共生矿。同一矿区(或矿床)内,产于不同部位或不同层位,可以分别单独圈定矿体和计算储量的两种或两种以上的矿床(或矿体),称为共生矿。例如,白云岩中与铅锌矿床共生的菱镁矿矿床就是共生矿。共生矿往往因成矿地质条件相近或由多次成矿作用的叠加,而常共生在同一矿区(或矿床)内。

(2) 伴生矿。同一矿床(矿体)内,经济上不具单独开采价值,但能与其伴生的主要矿产同时被开采提取出来供工业综合利用的有用矿物或元素,这样的矿床称为伴生矿。伴生矿与主要矿产有共同的物质来源和相同的地球化学性质，因而常伴生在同一矿床（矿体）内。

矿体圈定

矿体圈定，主要是指通过地质研究和工程揭露（必要时还配合地球物理或地球化学探矿的某些方法），为追索并查明矿体的形状、产状、空间分布及规模大小等而进行的工作；在矿产资源/储量估算时，根据探矿工程和取样分析的资料，按照工业部门对矿产利用的指标要求，为确定不同质量、用途和开采技术条件的矿产资源/储量分布范围而进行的工作。

矿体与夹石

（1）矿体。矿体是赋存于地壳中，具有各种几何形态及产状的矿石自然聚集体。矿体的圈定受一定工业指标的限定。矿体是矿床的基本组成单位，是矿山开采的对象。矿体是一个具体的地质体，因而有一定的大小、形态、规模和产状等。一个矿床可以是一个矿体，也可以由一个以上的大小不等的矿体群组成。

（2）夹石。夹石是夹于矿体中或矿体间的非矿岩石。在矿床的资源量/储量估算中，夹石的剔除受一定工业指标的限制。夹石在煤层中称矸石或夹矸。

资源/储量

资源/储量常被矿山部门称为"矿量"，一般指矿产的蕴藏量。实际工作中，资源/储量的表示方式有矿石资源/储量（简称矿石量）、金属资源/储量（简称金属量）或有用组分资源/储量、有用矿物资源/储量等，多数以质量（吨、千克、克拉）计，少数以立方米计。地质勘探时期探明的矿产资源/储量，是矿产地质工作的一项主要成果，也是制定国民经济计划、进行矿山建设的重要依据。它不扣除未来开采和加工时的贫化与损失。

固体矿产资源/储量分类

固体矿产资源/储量主要根据矿产资源经过矿产勘查所获得的不同地质可靠程度和经相应的可行性评价所获不同的经济意义分为储量、基础储量、资源量三大类十六种类型。

储量是指基础储量中的经济可采部分。储量用扣除了设计、采矿损失的可实际开采数量表述,依据地质可靠程度和可行性评价阶段不同,又可分为可采储量和预可采储量。

基础储量是查明矿产资源的一部分。它能满足现行采矿和生产所需的指标要求(包括品位、质量、厚度、开采技术条件等),是经详查、勘探所获控制的、探明的,并通过可行性研究、预可行性研究认为属于经济的、边际经济的部分,用未扣除设计、采矿损失的数量表述。

资源量是指查明矿产资源的一部分和潜在矿产资源。它包括经可行性研究或预可行性研究证实为次边际经济的矿产资源,经过勘查而未进行可行性研究或预可行性研究的内蕴经济的矿产资源,以及经过预查后预测的矿产资源。

固体矿产资源/储量估算方法

固体矿产资源/储量的估算方法有多种,但常用的有五种方法:算术平均法、地质块段法、开采块段法、断面法和克立格法。

(1) 算术平均法。其实质是将整个形状不规则的矿体变为一个厚度和质量一致的板状体,即把勘探地段内的全部勘探工程查明的矿体厚度、品位、矿石体重等数值,用算术平均法加以平均,分别求出其算术平均厚度、平均品位和平均体重,然后按照圈定的矿体面积算出整个矿体体积和矿产的资源/储量。算术平均法计算资源/储量,过程简单,不需要制作复杂的图纸,但它只能应用于矿体厚度变化较小、勘探工程在矿体上的分布较为均匀、矿产质量及开采条件比较简单的矿床。

(2) 地质块段法。该方法是根据矿石品级、勘探程度、矿山技术条件及水文地质条件、矿床开采次序等把矿体分为不同的块段,在每个块段内用算术平均法估算资源/储量。地质块段法具有算术平均法的所有优点,同时弥补了算术平均法不能划分块段的不足,因此得到了广泛的应用。

(3) 开采块段法。该方法是根据坑道工程把矿体分割成不同的开采块段进行的。每个块段内的资源/储量估算应用算术平均法计算。开采块段法适用于开采阶段,用坑道从四周圈定的勘探程度很高、产状较陡的脉状或厚度不大的层状矿床。

(4) 断面法。应用若干勘探剖面把矿床横切截为若干块段,分别估算这些块段的资源/储量,最后将各块段的资源/储量合起来即为矿体的总资源/储量,这种方法称为断面法或剖面法。断面法可分为垂直断面法、水平断面法及不平行断面法。利用断面法进行资源/储量估算,在目前应用仍较广泛,适用于勘探工程大致按勘探线或勘探网布置时资源/储量的估算。

(5) 克立格法。其实质是以矿石品位和矿石资源/储量的精确估计为目的,以矿体参数(变量)值的矿间相关为基础,以区域变化量为核心,以变异函数为基本工具的数学地质方法。这种方法是南非采矿工程师 D.C. 克立格于1951年首次提出来的,故称为克立格法。克立格法是利用邻近若干个钻孔(或坑道)的样品品位来估计处于这些样品中间的某个块段(或某个点)的品位。应用这种方法,可以根据少量样品的品位资料,把一个矿床中成千上万个开采块段的品位和资源/储量统统地估算出来。克立格法是一种无偏差、误差最小的最优化的资源/储量估算方法。

矿床开采技术条件的研究

(1) 水文地质条件研究:调查矿区地下水的补给、径流、排泄条件,确定其汇水边界;查明含(隔)水层情况,主要构造破碎带、岩溶发育带与风化带的分布及其导水性,主要充水含水层的含水性及储水性,与矿层(体)的相对位置,连通其他含水层及地表水体和老窿水的情况,地表水体的分布、水文特征、连通主要充水含水层的可能途径及其对矿床开采的影响;确定矿床主要充水因素、充水方式和途径,建立水文地质模型,结合矿床可能的开拓方案,估算矿坑涌水量以及矿区总涌水量。

调查矿区及其相邻地区的供水水源条件,结合矿山排水对矿山供水问题及排供结合的可能性进行综合评价,指出矿山供水水源方向。对于缺水地区,应对矿坑涌水的利用价值进行评价。

（2）工程地质条件研究：研究矿床开采区矿体及围岩的物理力学性质、岩体结构及其结构面发育程度、组合关系，评价岩体质量，调查影响矿床开采的不良工程地质岩组（风化层、软弱层、构造破碎带）的性质、产状与分布特征，结合矿山工程需要，对露天采矿场边坡的稳定性或井巷围岩及溶（熔）腔的稳固性作出初步评价，指出可能发生工程地质问题的地质体或不良地段。

（3）环境地质研究：研究区域稳定性，所在地区历次地震活动强度及地震烈度、老窿的分布范围、充填情况，查明矿区内崩塌、滑坡、泥石流、山洪、地热等自然地质作用的分布、活动性及其对矿床开采的影响，调查矿区存在的有毒（砷、汞）、有害（热、瓦斯、游离二氧化硅等）及放射性物质的背景值，对矿床开采可能造成的危害进行评价。

预测矿床疏干排水影响范围，对影响区内的生产、居民生活可能造成的影响和对生态环境可能构成的危害作出评价，提出防治意见。

结合采矿工程，对矿床开采可能引起的地面变形破坏范围，采选矿废水排放对附近水体的污染进行预测和评价，对采矿废石的堆放与处置、利用提出建议。

矿区水文地质勘查

矿区水文地质工作是矿区普查勘探工作中不可缺少的重要组成部分，直接关系到矿产资源的合理开发和人民生命财产的安全。

在矿产开采阶段，也要进行水文地质工作，并根据收集到的资料修订矿井的排水措施。如遇到复杂的水文地质情况，应采取专门的勘探手段查明情况和建立合理的防水措施后，才能继续开挖，这是保证井下安全生产的重要环节。

矿区水文地质工作的任务：查明矿区水文地质、工程地质条件，预测矿坑涌水量，指出供水水源方向，提出防止矿坑水对地表水、地下水的污染等环境影响问题的意见，以及供排结合、综合利用的建议；对露天采矿场边坡稳定性或坑道顶底板稳固性作出初步评价，为矿山开采设计提供依据。

矿区水文地质工作的主要目的在于解决矿产工业评价及矿床开采时的疏干排水问题，通常要求与地质工作结合进行。在勘探过程中应充分利用地质勘探工程取全、取准水文地质资料。利用地质勘探工程不能满足所要求的水文地质资料时,才布置专门工程进行专门性的矿区水文地质工作。

矿床的可行性评价工作

为适应市场经济发展的需要,使矿产勘查工作与矿山建设紧密衔接,减少矿产勘查和矿山开发投资的风险,提高矿产勘查和开发的经济、社会效益,在普查、详查和勘探三个阶段,都应进行相应的可行性评价工作。可行性评价包括概略研究、预可行性研究和可行性研究三个阶段。

(1) 概略研究。概略研究是对矿床开发经济意义的概略评价。通常是在收集、分析该矿产资源在国内外市场供需状况的基础上,分析已取得的地质资料,类比已知矿床,推测矿床规模、矿产质量和开采利用的技术条件,结合矿区的自然经济条件、环境保护等,按我国类似企业的技术经济指标或扩大指标对矿床作出技术经济评价,从而为矿床开发有无投资机会、是否进行详查阶段工作、制定长远规划或为工程建设规划的决策提供依据。一般普查阶段应进行概略研究,详查或勘探阶段的矿床也可只进行概略研究。

(2) 预可行性研究。预可行性研究是对矿床开发经济意义的初步评价。预可行性研究需要比较系统地对国内外该种资源、储量、生产、消费进行调查和初步分析;需对国内外市场的需求量、产品品种、质量要求和价格趋势作出初步预测。根据矿床规模、矿床地质特征及矿区地形地貌,借鉴类似企业的实践经验,初步研究并提出项目建设规模、产品种类、矿区总体建设轮廓和工艺技术的原则方案;参照价目表或类似企业开采对比所获数据估算的成本,初步提出建设总投资、主要工程量和主要设备等,进行初步经济分析,并估测不同的矿产资源/储量类型。

通过国内外市场调查和预测资料,综合矿区资源条件、工艺技术、建设条件、环境保护及项目建设的经济效益等各方面因素,从总体上、宏观上对矿山建设的必要性、建设条件的可行性及经济效益的合理性作出评价,为是否进行勘探阶段地质工作以及推荐项目和编制项目建议书提供依据。

预可行性研究应在详查工作的基础上进行。

(3) 可行性研究。可行性研究是对矿床开发经济意义的详细评价。可行性研究首先需要认真对国内外该矿种资源、储量、生产和消费进行调查、统计和分析,对国内外市场的需求量、产品品种、质量要求、价格、竞争能力进行分析研究和预测。工作中对资源(或原料)条件要认真进行分析研究,充分考虑地质、工程、环境、法律和政府的经济政策的影响,对企业生产规模、开采方式、开拓方案、选冶工艺流程、产品方案、主要设备的选择、供水供电、总体布局和环境保护等方面,进行深入细致的调查研究、分析计算和多方面比较,并依据评价时的市场价格,确定投资、生产经营成本、销售收入、利润、现金的流入和流出等。项目的技术经济数据能满足投资有关各方面的审查、评价需要,从而得出拟建工程是否应该建设及如何建设的基本认识。

通过可行性研究的论证和评价,为上级机关或主管部门投资决策、确定工程项目建设计划等提供依据。

可行性研究应在勘探工作的基础上进行。

矿产勘查中计算机的应用现状

20 世纪中后期,由于计算机信息技术的飞速发展,人类社会也进入信息化社会。地球科学这门古老的学科,同样在信息技术应用方面取得突破性进展。20 世纪 70 年代发展起来的处理空间数据的地理信息技术(GIS)彻底解决了地学信息技术应用的技术障碍,从而在地球学科各个研究和应用领域得到前所未有的应用。在矿产资源调查评价中,无论在计算机辅助制图、数据管理、数据综合方面,还是在矿产资源定量评价方面计算机信息技术都发挥了巨大的作用。信息技术是近年来提升和推动矿产资源评价学科创新的核心原动力。

20 世纪矿产勘查是一个科学找矿时代,许多科学的找矿手段积累巨量的勘查信息,运用计算机信息技术进行信息综合定量评价便成为必然。近 20 年来,信息技术在矿产资源评价上取得的代表性成果:第一方面是应用计算机技术特别是 GIS 技术,建立数字化资源空间数据库;第二方面的成就是地质矿产调查工作流程的计算机化;第三方面是矿产资源评价定量化;第四方面是矿产勘查工作 3D 可视化。

矿产资源定量评价是以计算机信息处理技术为工具,研究各种勘查信息资料的成矿信息,研究各种多源信息与矿床资源潜力的关系模型,达到对未知区的定位、定量评价。近几年来，矿产资源评价进入了一个信息更加综合、技术飞快更新的新时期，主要表现在有机地将当代成矿理论与现代高新综合勘查技术结合起来，将传统的定量数值科学方法与计算机 GIS 图形图像信息可视化结合起来。

  目前矿产资源评价可分为经验模型法与成因模型法。经验模型法主要是研究区域矿床与多元地质找矿信息的关系，通过定量分析方法，建立起区域成矿有利度和资源潜力值与多参数地质信息的统计规律，根据经验模型进行区域评价。它强调对各种找矿信息的充分挖掘与综合，因此科学找矿的各种勘探手段所获取的成矿信息得到最大限度的利用。成因概念法是通过综合勘查资料，研究区域矿床生成规律，系统地、全面地考察矿床形成机制，研究控矿的关键因素标志，从而完成区域矿产资源评价。不管采用什么方法体系，一个基本趋势是，两种方法都试图以 GIS 作为分析空间矿产资源分布的工具和手段；或者是以 GIS 为工具，研究多源信息定量模型；或者是建立以 GIS 为支撑的，从成矿系统出发发展的矿床模型专家系统。

二、矿产资源开采

矿产资源开采理论

采矿学

矿产资源是自然资源的重要组成部分,是人类社会发展的重要物质基础,是人类可以直接或间接利用的存在于地壳中的矿物组成的物质。依其在地壳中富集的物质形态的不同,可分为气态矿产(如天然气)、液态矿产(如石油)和固态矿产(如煤、铁等)三大类。依其用途和属性可分为能源矿产(如煤、石油、铀等)、金属矿产(如铁、金、铜、铅、钨等)、非金属矿产(如金刚石、石墨、石灰石、磷、滑石等)和水气矿产(如地下水、矿泉水、二氧化碳气等)。

采矿学是研究采矿技术及其内部规律性的综合应用性工程技术学科,基本任务是揭示安全、经济、充分和无害地开采有用矿物的客观规律,阐述有关矿床开采的理论、方法、工艺及管理知识。

矿床开采的工作对象是岩体,要想把有用矿物从地壳中开采出来,一是对原始平衡状态的破坏——开拓采矿坑道;另一个是对形成的开挖体的稳定性维护——对采矿坑道进行安全支撑。这是开采过程中破坏与反破坏的矛盾统一。开采活动没有像工厂生产那样的固定场所,而必须随着矿体的存在不停地移动。另一方面,开采活动在空间上受矿体赋存状态和矿岩稳定性的限制,必须不断地"准备"出新的开采储量,才能保证采矿的连续进行。

从发现矿床到开采出其中的可采矿物,是一个周期很长的过程,矿床的开采寿命长达数年、数十年乃至上百年,需要消耗巨额的初始投资和生产经营费用,是公认的高风险投资项目。在市场经济条件下,矿产品和其他产品

一样参与市场竞争,为了做出正确的投资决策,实现价值的最大化,采矿工开采者在掌握开采方法与工艺、技术的同时,还必须掌握科学评价投资项目的有关经济知识。

矿山测量学

矿山测量学是综合运用测绘、采矿和地质等多学科的理论、技术与方法,研究矿产资源勘查、规划设计、建设开发和生产经营过程中,从地面到井下,从矿体(煤层)到围岩,从静态到动态的空间信息采集、处理、表达、利用,据此解决矿产资源合理开发与矿区资源环境保护问题,带有交叉学科性质的一门科学技术。

随着计算机的发展与广泛应用,测量学科有了革命性的发展。地理信息系统(GIS)、遥感(RS)、全球卫星定位系统(GPS)的发展,带动了矿山测量学科的发展。

全球卫星定位系统(GPS)技术是美国研制的,被广泛应用于矿区控制及地面测量,还被集中应用在矿山变形监测、卡车调度等方面。我国一些大型金属矿山和露天煤矿运用无线通信和GPS技术调度系统,较好地解决了车铲设备的最佳配合和设备中途出现故障后的动态重组等问题,提高了设备的台时效率,实现了爆破孔的自动定位。北斗卫星导航系统(BDS)是中国自行研制的全球卫星定位与通信系统,系统由空间端、地面端和用户端所成,可在全球范围内,全天候、全天时为各类用户提供高精度、高可靠定位、导航服务。

遥感(RS)近年来已发展成为矿区生态环境受采矿影响的监测、调查与分析的重要手段。我国与荷兰合作项目"中国北方煤田自燃环境监测"应用遥感技术,首次全面系统地掌握了中国北方煤田自燃灾害分布、区划、等级及危害程度,提出了煤田火区遥感技术探测方法和工作程序,建立了中国北方煤田火区计算信息系统,并将图像处理技术和地理信息系统技术有机地结合起来,为各级政府对煤火的防治决策、灭火工程设计施工、监测提供了现代方法和手段。

地理信息系统(GIS)应用于涉及矿山地测信息系统、矿山安全、工矿监测及生产调度指挥系统等专业信息系统的开发研制。

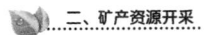

矿山地质学

矿山地质学是研究在矿山开采时期,为保证矿山持续生产、资源合理利用以及扩大矿山规模、延长服务年限和保护矿山环境所需进行的各项地质工作的基本原理和方法,是利用地质学的方法和理论,对矿山地质体进行综合调查和研究的工作。矿山地质学是应用地质学的一个分支。

矿山地质工作的基本任务是为矿山的生产和建设服务,主要包括:利用探矿及采矿坑道,深入细致地研究矿体产状、矿石质量及影响采矿的地质条件,以提高对矿产储量的控制程度,及时掌握储量变动情况,保证采掘计划均衡进行;指导采掘工作的方向,参与探、采工程的施工管理与验收;矿山资源的合理开采和利用,测定及检查矿石的损失与贫化,检查、验收矿石的质量和产量,以及伴生有益组分的回收利用等;开展矿山深部和外围探矿,为扩大矿山的生产能力或延长生产年限,增补所需要的矿产储量;及时解决水文地质、工程地质(如边坡稳定、采空区塌陷)等影响矿山安全生产的各种地质问题;充分利用矿山生产所提供的丰富资料及有利条件,进行矿床地质理论等方面的研究。

矿产资源开采基础

矿山

矿山是采矿作业的场所,包括开采形成的矿石、运输通道和辅助设施等。矿石暴露在地表的矿山称为露天矿山,开挖体在地下的矿山称为地下矿山。矿山是有一定开采境界的采掘矿石的独立生产经营单位。矿山主要包括一个或多个采矿车间(或称坑口、矿井、露天采场等)和一些辅助车间,大部分矿山还包括选矿场(如洗煤厂)。矿山按产量的大小,分为大型、中型、小型3种类型。矿山规模的大小,要与矿山经济合理的服务年限相适应,只有这样,才能节省基建费用,降低成本。在矿山生产过程中,采掘作业既是消耗人力、物力最多,占用资金最多,又是降低采矿成本潜力最大的生产环节。降低采掘成本的主要途径是提高劳动生产率及产品质量,降低物资消耗。

矿山建设

矿山建设是矿产资源开采的基础和前提,具有一定的工作顺序和工作阶段,主要包括项目建议书的编写、可行性研究、矿区总体设计、单项工程设计、矿山建设施工和矿山建设验收等六个方面。

项目建议书:根据国民经济和煤炭、冶金工业发展规划,对矿区建设提出一个轮廓设想,从宏观上观察该项目建设的必要性。

可行性研究:从矿产品市场需求预测开始,通过多方案比较,论证建设项目的规模、区块划分、配套设施、技术方案、产品方案、运输、销售、原材料及动力消耗、成本和盈亏、企业经济效益和社会效益,提出项目建设可行或不可行的结论。

矿区总体设计:它是可行性研究批准后的一个工作阶段,以煤矿为例,包括矿井建设顺序,辅助及附属企业布局,铁路、电厂、炼焦、煤化工及共生伴生矿产综合开发利用等。

单项工程设计:根据总体设计确定的规模和技术,决定编制单项工程设计,同时编写建设工程概(预)算。一般分为初步设计和施工图设计两个阶段,通常的做法是一次设计,分阶段提供施工图。

矿山建设施工:主要内容包括征购土地,确定施工单位和工程监理单位,编制施工组织设计,施工现场的"四通一平"(水、电、路、讯及场地平整),器材采购及设备订货等。

矿山建设验收:是建设完成后进行试生产,验收合格后交付生产使用。

矿山地质工作的目的

矿床经过详细地质勘探后,在矿区规划、设计、基建和生产过程中继续进行的一系列地质工作。矿山地质工作是与采矿工业一起发展起来的,但直到20世纪30年代才形成一门学科,出版了矿山地质学专著。20世纪70年代后,矿山地质工作利用现代技术得到迅速发展。矿山地质工作分别由矿业规划设计部门、基建部门和生产矿山的地质部门负责进行。

二、矿产资源开采

生产勘探

生产勘探是指矿山在移交生产后，在地质探矿的基础上为满足开采和继续开拓延伸的需要，进一步探明或确定矿体形状和质量特征以及储量升级所开掘的各种巷道工程。它包括：沿脉和穿脉探矿巷道；探矿天井、地井及天井副穿和沿脉巷道；生产探矿钻窝及上述工程之附属工程。

生产勘探的成果是编制矿山生产计划，进行采矿生产设计、施工管理的依据。矿山生产勘探的主要任务如下：

（1）重新准确地圈定矿体，对矿体边界、端部等部位要加强控制。

（2）进一步查明矿石质量，按生产要求计算储量，使资源量升至储量，为制定生产作业计划，以及矿产储量统计、平衡和管理提供依据。

（3）探明地质勘探未控制的，存在于主体矿上下盘、周边及深部的矿体。

（4）确定近期开采地段的矿床水文地质条件、工程地质条件、矿岩物理力学性质等，为正常安全生产和矿床的合理开发利用提供必要的资料。

总之，矿山生产过程中的生产勘探（生产探矿）工作，是矿山地质工作的主要任务之一。它是地质勘探、基建探矿的继续，也是对矿床认识的深化和补充。

井田及其开拓

划归一个矿山企业开采的一部分矿床或全部矿床叫做矿田。在一个矿山中划归一个矿井或一个坑口开采的全部矿田或一部分矿田叫做井田。矿田有时等于井田，有时包括几个井田，如图所示。

井田开拓方式是矿井开拓井巷和开采水平布置的基本形式。按所用的井硐形式划分为立井开拓、斜井开拓、平硐开拓和综合开拓；按井田内的划分和结构区分为单一井田开拓和分区域开拓；按开采水平数目划分为单水平和多水平开拓；按开采方式划分为上山开采、下山开采和上下山开采。大巷布置及层（组）间的联系有多种布置方式，由这些多种划分的交叉组合，构成更多类型的井田开拓方式。

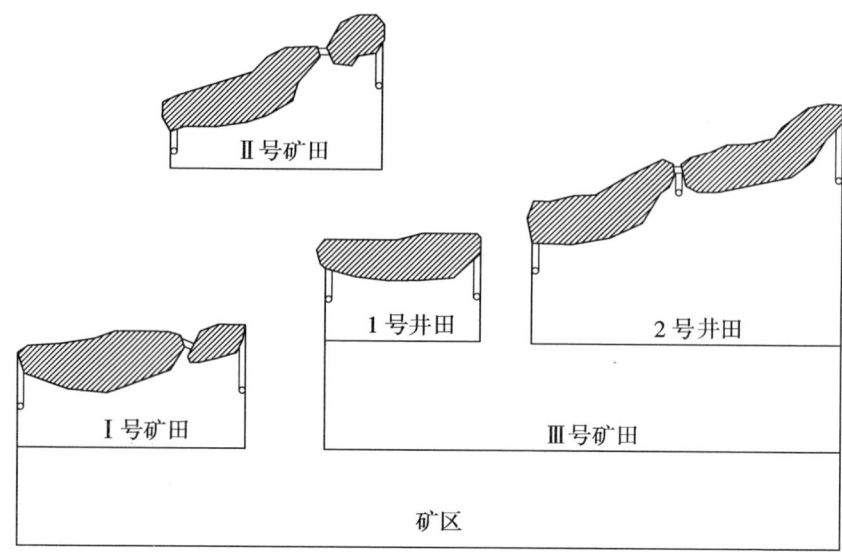

矿区、矿田、井田

矿量能够增加

矿量是矿床中达到边界品位能够开采利用的矿石总量,也就是通常所说的矿石储量。矿量能否增加,关键看矿床边界品位是否可以改变。边界品位是区分矿石与废石的临界品位。矿床中高于边界品位的块段为矿石,低于边界品位的块段为废石。很显然,边界品位定得越高,矿量也就越小。如果矿床的边界品位降低了,原来作为废石的矿化体,就被重新划归矿石,矿石增加了,矿量也就随之增加了。因此,边界品位的选择直接影响到矿石储量,进而影响矿山的生产规模、最终开采境界、设备选型和矿山生产寿命。

国内矿山一直采用"双标准"边界品位,即"地质边界品位"和"最小工业品位",前者小于后者。品位高于最小工业品位的块段有工业开采价值,是开采加工的对象,称为表内矿;品位介于两者之间的矿段称为表外矿;品位低于地质边界品位的块段为废石。地质边界品位值是随着科学技术的发展以及人类对矿产品不断的追求而不断变化的。

随着科学技术的发展、采矿技术的进步、矿石选冶能力的提高以及矿产资源的有限性和经济需求之间的矛盾日益尖锐化,地质边界品位值将会随着科学技术的发展以及人类对矿产品不断的追求而不断地由高向低变化,

因而矿量是能够增加的。

储量分类

储量是矿产资源蕴藏的数量,指矿物含量达到边界品位以上的、集中蕴藏的矿产数量。它由地质部门勘探,经政府有关权威部门审核批准,并予确认。它是衡量其工业价值大小的主要指标之一。它直接影响采矿工业和有关加工工业的技术路线、工艺流程、生产规模和空间布局。

我国根据1959年4月地质部全国矿产储量委员会所制定的《矿产储量分级暂行规范》规定,将矿产储量划分为四类五级。第一类,开采储量,为 A_1 级,是用开采巷道或用钻孔配合开采巷道所圈定的储量,它可作为编制企业生产计划的依据。第二类,设计储量,包括 A_2、B、C 级。A_2 级为经过详细勘探,用坑道、钻孔圈定的储量或钻探网所控制的储量,可作为设计和基建投资的依据。B级储量计算同 A_2 级或者由 A_2 级向外推算储量,作用同 A_2 级。C_1 级是用地表工程或试钻深部矿层所求设的储量,也可用 A_2、B 级向外推算求得,作用同 A_2 级。第三类,远景储量,为 C_2 级,是根据地质测量资料或地球物理勘探所确定分布边界内的储量,可作为进一步勘探设计之用,也可配合 C_1 级作小矿设计用。第四类,地质储量,是根据区域地质测量、矿产分布规律进行预测的储量,只作为矿产普查设计用,不作探明储量级别用。

1999年国家储量委员会发布的《固体矿产资源/储量分类》(GB/T17766—1999),将矿产储量划分为储量、基础储量和资源量三大类16种类型。

保有储量

保有储量指一定时间内(截止报告日期)矿山所拥有的资源实际储量。它是评价矿产资源经济价值的重要指标。计算时要考虑经地质勘探和其他调查后,矿山(矿床、矿区)的累计探明储量因受新探明储量和已采量等影响而出现增减等因素。其计算公式为:报告期保有储量=期初累计保有储量±本期因地质勘探、重新计算所造成的储量增减数－已采量－地下损失量－其他损耗量。

保有储量的计算、确定,对一个国家(或地区、矿山)资源现状的科学评价具有重要意义。最新的保有储量数据,常作为制定地区社会经济发展规划、国土开发与整治规划、区域规划、厂（矿）址选择、工厂（矿山）的新建与扩建以及环境保护的重要依据。

储量报销

储量报销是指矿区范围内矿产储量确已耗竭或保有储量无法采出，按照有关规定报销所消耗和无法采出的储量。储量报销必须依据《矿产资源监督管理暂行办法》等有关政策法规的条款，经过严格的审批程序，矿山企业不得擅自进行储量报销。

储量报销范围内残留于坑底或其边部、深部的储量，暂难利用但有可能复采的残留储量，以及中停矿井（场）的未采储量，均不能报销。有关单位应对其采取保存措施，以备将来复采。报销矿产储量，由矿山企业或采矿者向其主管部门提出申请。属正常报销的矿产储量，必须经其主管部门审批；属非正常报销和转出的矿产储量，经其主管部门初审后，报同级地质矿产主管部门审批。

同一采区应当一次申请报销的矿产储量，不得分次申请报销。

生产矿量

在矿床开采过程中按巷道掘进的程度及采矿准备程度，分别圈定的可采储量，叫做生产矿量。生产矿量分为开拓矿量、采准矿量、备采矿量三个级别（露天矿的采准矿量与备采矿量是一致的），故又称为三级矿量。

（1）开拓矿量。开拓矿量是工业储量的一部分，是指已全部或部分完成开拓工程量和达到一定勘探程度的开拓水平以上的工业储量。

（2）采准矿量。采准矿量是开拓矿量的一部分。露天矿是指矿体上部已经揭露，储量达到相应勘探类型，设备占用最小工作平盘宽度以外的工业储量；地下矿是按设计完成全部采准及辅助工程，储量达到相应勘探类型最高级别，并符合开采顺序的工业矿量。

（3）备采矿量。备采矿量是采准矿量的一部分。露天矿是指按开采顺序，矿体上部及侧面已经揭露，在台阶外侧一次性采掘带的可采矿量；地下矿是指已完成设计的全部采准和切割工程，并符合开采顺序的可采矿量。

三级矿量是保证矿山持续稳定生产的基本条件，是与矿山的生产规模密切相关的。三级矿量过多或过少,都会产生不良后果。三级矿量过多,意味着形成三级矿量的掘进费用超前,不仅使矿山积压了资金,而且增加了巷道工程的维护费用和通风、排水、照明等费用,从而增加了采出矿石的成本。三级矿量过少,会使矿山采掘失调,造成生产被动。

矿山的寿命

人有生老病死,人的生命存续时间称为人的寿命。矿山从开工建设到可采矿体全部开采完毕,矿山的寿命也就完结了,因此矿山同人类等生物体一样具有寿命。矿山的寿命一般称为矿山服务年限。从发现矿床到开采出其中的可采矿物,是一个周期很长的过程,矿山的开采寿命长达数年、数十年乃至上百年。

矿山的寿命是如何确定的?经过多年的实践,矿山的服务年限,应在经济合理的基础上确定,见下表。

不同类型矿山的合理服务年限

矿山类型	矿石年产量(万吨)		矿山服务年限(年)
	黑色金属	有色金属	
大 型	100 以上	100 以上	30 以上
中 型	30~100	20~100	20 以上
小 型	30 以下	20 以下	10~15 以上

当矿床储量一定时,年产量、矿山的服务年限和矿床储量 Q 之间有如下关系:

$$A = \frac{Q}{t_1}\left(\frac{P}{1-\rho}\right)$$

式中,A 为年产量(吨/年),Q 为矿床储量(吨),P 为矿石的回收率,ρ 为废石的混入率,t_1 为计算服务年限。

矿山的计算服务年限没有考虑生产初期和末期生产达不到正常生产能力的情况,所以矿山的实际服务年限 t 总是比计算服务年限 t_1 长,增长时间一般为 1~5 年。

我国始建于 20 世纪 60~70 年代的多数大型矿山,由于多种原因已步向衰老期,借助目前矿产价格看好的优势,如何有效延长这些矿山的服务年限,使之为国家做更大贡献,是值得探讨的问题。作为矿山企业来讲,矿产资源是根本。因此,有效延长矿山服务年限就必须研究矿产资源合理开发利用等综合问题。

有效延长矿山服务年限,首先从提高现有矿石回收率入手。

科学回收现有保安矿柱矿量。矿体较薄的直接回采,其余可在进行充填的技术支持下回采。

重视现有尾矿资源回收开发利用:一是对有益元素进行开发利用;二是用作建材等方面的开发和利用;三是尾矿库等环境治理及利用。

矿产资源的综合利用

矿产资源及其勘查开发现状:我国现已发现171种矿产资源,查明资源储量的有158种,其中石油、天然气、煤、铀、地热等能源矿产10种,铁、锰、铜、铝、铅、锌等金属矿产54种,石墨、磷、硫、钾盐等非金属矿产91种,地下水、矿泉水等水气矿产3种。矿产地近18 000处,其中大中型矿产地7 000余处。

我国矿产资源的基本特点:一是资源总量较大,矿种比较齐全;二是人均资源量少,部分资源供需失衡;三是优劣矿并存;四是矿产资源保护和合理利用水平逐步提高。

在矿产资源勘查开发方面我国仍面临一些矛盾和问题,如矿产资源开发利用中的浪费现象和环境污染仍较突出,开采矿山布局不够合理,探采技术落后,资源消耗、浪费较大,矿山环境保护需要进一步加强。

矿产资源保护与合理利用的总体目标:提高矿产资源对全面建设小康社会的保障能力;促进矿山生态环境的改善;创造公平竞争的发展环境。合理开发和节约使用资源,努力提高资源利用效率。

开展资源综合利用是矿产资源勘查、开发的一项重大技术经济政策。我国对矿产资源实行综合勘查、综合评价、综合开发、综合利用,鼓励和支持矿山企业开发利用低品位难选冶资源、替代资源和二次资源,扩大资源供应来源,降低生产成本,鼓励矿山企业开展"三废"(废渣、废气、废液)综合利用的科技攻关和技术改造,鼓励对废旧金属及二次资源的回收利用,积极开发非传统矿产资源。

矿石质量管理

　　地壳中的各种物质,凡能用开采、洗选和冶炼等现代技术提取国民经济和国防建设各部门所需的矿物产品的,都叫矿石。从中提取金属的矿石叫金属矿石,如铁矿石、铜矿石等;从中提取非金属元素、矿物或直接利用的矿石叫非金属矿石,如磷、石棉、云母、石灰石等。矿产资源是国家的宝贵财富,是建设社会主义现代化强国的重要物质基础,是采后绝大部分不能再生的资源。

　　为了保护矿产资源的合理开发利用,必须加强矿石产品的质量管理。一是根据生产地质工作提供的矿床(体、层)赋存条件和采矿方法的试验结果,调整开发设计推荐的采矿方法,制定切实可行的损失贫化率计划指标和完成指标的技术措施。二是根据开发设计制定矿石产品方案和供矿质量标准,做好采出矿石类型、品级和品位的平衡搭配,稳定供矿质量。三是采掘(剥)工程设计和采掘(剥)技术计划,均应贯彻"大小、厚薄、贫富、难易"兼采的原则。凡在开采范围内符合工业指标的矿体、矿块、矿边、矿角等,应尽量设法进行回采。所有建筑物和井巷构筑物的位置,力求选择适当,尽量避免因留保安矿柱而造成矿石损失。

矿石损失

　　矿石开采损失是指在开采过程中由于各种因素的综合影响,导致部分工业矿石的丢失,即某些矿量未能采下或已采下未能被利用又丢失的这部分矿石。损失工业矿量与应采工业矿量之比为损失率。

　　矿石损失按不同性质分为设计损失和开采损失。

　　(1) 设计损失。开采设计规定不予回收的矿石,其所造成的损失为设计损失。它主要包括因地质和水文条件、开采技术条件、安全条件等的损失,或因保护地表和地下工程的永久保安矿柱损失。

　　(2) 开采损失。在矿床开采过程中,由于所采用的采矿方法和采掘(剥)作业等原因,造成部分应采工业矿量的丢失,叫开采损失。开采损失又分为采下损失和未采下损失。

　　开采设计和采掘(剥)技术计划规定的损失指标叫做计划损失。超过规定指标的损失叫做超限损失。

矿石贫化

在矿床开采时,矿石中混入了废石或损失了高品位的矿石和其他自然因素,而造成采出矿石的品位下降,称为贫化。采出矿石的品位降低数与应采工业矿量品位的比值称为贫化率。采出矿石中混入废石量与采出矿量的比值称为废石混入率。

矿石贫化按不同性质分为设计贫化和开采贫化。

(1)设计贫化。采矿设计允许将矿体中一部分岩石、矿化夹层与矿石一起采出,引起采出矿石品位降低,称为设计贫化。设计规定的混采矿石和矿化夹层应参与工业品位计算,并列为工业矿量,不作贫化处理。

(2)开采贫化。在矿床开采过程中,采矿设计不允许采下或混入的围岩夹石及人为的废石混入等各种原因引起采出矿石品位下降,称为开采贫化。贫化按生产阶段,也可分为两种:采下贫化,即回采时造成的矿石贫化或称一次贫化;放矿贫化,因放矿时造成的矿石贫化或称二次贫化。

安全矿柱

由于某种原因,主要开拓巷道、建筑物和构筑物等只能布置在地表移动带以内,或者在矿床地下开采以前,地面已经存在一些比较重要的建筑物、文物、河流、湖泊之类,它们不便于拆迁或根本无法进行拆迁,为了保护这些设施不受变形破坏,一般都要在其下部留设矿柱,这些矿柱称为保安矿柱,也叫安全矿柱。

矿床开拓

所谓矿床开拓,就是从地表掘进一系列的工程或巷道直达矿床,使矿床与地表有一条通路,以形成提升、运输、通风、排水、供水、供风、供电等完整系统,以便将机械设备、材料、人员、新鲜空气、管线及运输轨道送到矿体所在位置,为采矿工作创造条件。矿床开拓方法大致可分为单一开拓和联合开拓两大类。凡用某一种主要开拓巷道开拓整个矿床的开拓方法,叫做单一开拓法；有的矿体埋藏较深或矿体深部倾角发生变化，矿床的上部用某种主要开拓巷道开拓，而下部则根据需要改用另一种开拓巷道开拓，这种方法叫做联合开拓法。

主要开拓巷道是决定一个矿床开拓方法的核心，其选择在矿山设计中是至关重要的。主要开拓巷道类型的选择由以下几个条件决定：

(1) 地表地形条件。不仅考虑矿石从井下（或硐口）运出后，通往选矿厂或外运装车地点的运输距离和运输条件，同时考虑附近应有容积较充分的排废石场所，否则，就会因远距离运输而增加矿石成本。还应考虑地表永久设施（如铁路）、河流等影响因素。

(2) 矿床赋存条件。它是矿山选择开拓方法的主要依据。如矿体的倾角、侧伏角等产状要素对开拓方法有重要意义。

(3) 矿岩性质。这里主要指的是矿体和围岩的稳固情况。为减少因矿岩稳固程度差或成巷后地压活动的影响而增加的工程维护费用，在选择开拓方法时，必须考虑矿岩性质。

(4) 生产能力。因主要开拓巷道与巷道装备不同，其生产能力（提升与运输）也不同。一般来说，平硐开拓方法的运输能力最大，竖井高于斜井。

矿山压力及采场地压管理的基本方法

矿山压力简称矿压，是由于矿山的岩体被开挖以后，破坏了原岩应力平衡状态，岩体中应力重新分布，产生了次生应力场，使巷道或采掘空间围岩变形、移动和破坏的力。矿山压力的作用，必将引起岩体的变形、破坏、塌落，以及支撑物的变形、破坏与折损，甚至在岩体中产生一系列的动力现象。在矿山压力作用下，围岩或支护物呈现的各种力学现象，统称为矿山压力显现。

为进行地压管理所采取的各种技术措施，称为地压管理方法。这种管理方法的内容有：

(1) 利用矿岩本身的强度和留有必要的支撑矿柱，以保持采场的稳定性。

(2) 采取各种支护方法，支撑回采工作面，以维持其稳定性。

(3) 充填采空区，支撑围岩并保护其稳定性。

(4) 崩落围岩，使应力降低，并重新分布，达到新的应力平衡。

(5)提高开采强度,缩短矿块开采时间,减少巷道及底部结构的服务时间。

(6)回采时使回采方向适应矿岩构造。

(7)减弱爆破震动效应。

采空区的处理

矿体中因开采而形成采空区,为了防止地表陷落,消除生产隐患,确保坑内作业人员安全,需及时而有计划地处理采空区(如充填或放顶封闭等),这些处理工作谓之采空区处理。

采空区处理办法主要有三种:充填法、崩落围岩法和隔离法。

充填法是用外来充填料对采空区进行处理的方法。充填体的作用是能降低岩石移动幅度,减小地面沉降值,防止上部围岩冒落时产生的冲击载荷和空气冲击波对下阶段生产产生危害。

如果充填物为尾矿,则可以减少地表尾矿池的体积;如果充填物为废石,则可减少地表废石场的占地,并降低矿石产出成本。

崩落围岩处理采空区是通过崩落围岩,释放应力,改变应力集中部位,将承加带转移到采空区较远处的岩体中,使岩体中的应力达到新的对回采工作无安全威胁的相对平衡状态。崩落的围岩,使生产阶段与上部陷落区之间隔有相当厚的废石垫层,这种垫层可以缓冲上部围岩冒落时的冲击载荷和隔绝空气冲击波。这种处理方法的实质是矿房回采的同时,即竖回采矿柱,使围岩自然冒落,能够主动地控制地压,但它只能用于地表允许崩落的条件下。

隔离法分为两种:一种是隔绝孤立分散的小采空区与生产作业区段之间可能传递危害的一切通路;一种是对于连续或基本连续的大矿体,在其中设置隔离带,隔离两侧采空区次生应力场的相互影响,并消除它叠加的可能。

矿房已充填时矿柱的回采

矿房已充填时回采矿柱是指用充填采矿法回采后,或者采用自然支撑采矿法回采后将采空区充填情况下的矿柱回采。矿房已充填时回采矿柱有如下两种类型:

第一类是顶、底柱回采。当开采低品位、不稳定的矿石、围岩允许崩落时,可以采用分段崩落法回采。一般本阶段的顶柱和上阶段的底柱同时回采,用无底柱分段崩落法回采顶、底柱。

第二类是间柱回采。如果隔离壁稳固或矿房用胶结充填,矿柱矿石也未遭受破坏,而顶、底柱又是用充填法回采的,间柱的回采可以用向上分层水砂充填法或干式充填法。

如果隔离层不稳固或者矿柱受破坏而不够稳固,矿石品位较高,围岩不允许崩落时宜采用下向分层水砂充填法,围岩允许崩落时可以采用分层崩落法,矿石品位不高时也可采用分段崩落法。随着胶结充填法试验的成功,可先用胶结充填法回采矿柱,形成一个人工矿柱,在此条件下再用水砂充填法或自然支撑采矿法回采矿房,其采空区可用充填料充填或崩落围岩充填来处理。

松散系数

冒落顶煤的碎胀系数也称松散系数,为顶煤垮落后的松散体积与实体煤体积之比。顶煤的碎胀系数与煤的硬度、节理裂隙发育程度有关。坚硬的煤,垮落块度大,碎胀系数大;松软的煤,垮落块度小,碎胀系数小。冒落顶煤在放出前所产生的碎胀称为一次松散,其碎胀系数可称为一次碎胀系数。随着冒落顶煤的不断放出,尤其在多轮放煤的工艺条件下,第一轮放煤之后冒落顶煤必然产生二次松散,其碎胀系数可称为二次碎胀系数。

矿石块度

矿石块度是指采用爆破等手段所开采的矿石碎块几何尺寸的大小,常用矿石碎块两端最大距离表示。凡块度大小符合铲运设备容器或溜井、初碎设备入口尺寸要求的,为合格块度。凡块度超过合格块度要求的矿岩,统称为大块,也称为不合格的矿石块度。不合格的矿石块度占爆破矿石总量的百分比称为大块产出率,又叫大块率,它是生产中重要的爆破质量指标,一般采用雷管消耗量统计大块率的方法。

对不合格大块矿石的处理方法是二次破碎。露天矿二次破碎有凿岩爆破法、碎石机机械破碎法和电热破碎三种方法。

采矿程序

金属矿床地下开采程序分为开拓、采准、切割和回采四个步骤。

(1) 矿床开拓。从地表掘进一系列巷道通达矿体,以便把地下将要采出的矿石运至地面,同时把新鲜空气送入地下,并把地下污浊空气排出地表,把矿坑水排出地表,把人员、材料和设备等送入地下和运出地表,形成提升、运输、通风、排水及动力供应等完整系统,称为矿床开拓。为此目的而掘进的巷道,称为开拓巷道。

(2) 矿块采准。采准是指在已开拓完毕的矿床里,掘进采准巷道,将阶段划分成矿块作为回采的独立单元,并在矿块内形成行人、凿岩、放矿、通风等条件。矿块采准包括采准巷道和切割巷道(为进行切割工作所掘进的巷道,含拉底巷道、切割天井等)。

(3) 切割工作。切割工作指在已采准完毕的矿块里,为大规模回采矿石开辟自由面和自由空间(拉底或切割槽),有时还把漏斗颈扩大成漏斗形状(称为辟漏),为以后大规模采矿创造良好的爆破和放矿条件。

(4) 回采工作。切割工作完成以后,就可以进行大量的采矿,称为回采工作。有时切割工作和大量采矿同时进行,它包括落矿、矿石运搬和采场地压管理三项主要作业。

为了保证矿山持续均衡生产,避免出现生产停顿或产量下降等现象,应保证开拓超前于采准,采准超前于切割,切割超前于回采。

矿山的开采顺序

矿山开采必须依据设计任务书,采用合理的开采顺序。

井田阶段的开采顺序有两种方式:下行式——自上而下进行开采,即先采上阶段,而后开采下阶段,也可以同时开采几个阶段;上行式——与下行式相反。上行式开采顺序,仅在开采缓倾斜矿床时的某些特殊情况下使用。在生产实际中,一般多采用下行式开采顺序。

相邻矿体的开采顺序:一个矿床如果有许多彼此相距很近的矿体,那么开采其中一个矿体,将会影响邻近的矿体。在这种情况下,确定合理的开采顺序,对于生产的安全和资源的回收都有很重要的意义。

当矿体倾角(α)小于或等于围岩的崩落角(γ、β)时,如图所示,应当采取从上盘向下盘推进的开采顺序。这样的开采顺序是先采矿体Ⅱ(后采矿体Ⅰ),使采空区的下盘围岩不会移动,因而不会影响下盘矿体Ⅰ的开采,反之就会影响矿脉Ⅱ的开采。

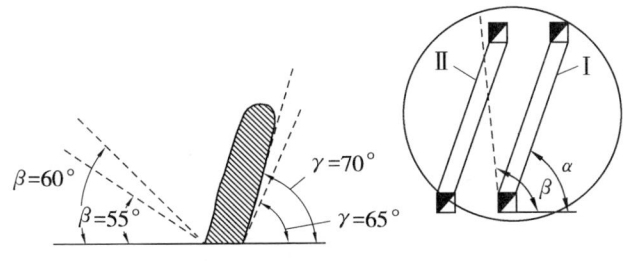

β为上盘移动角,γ为下盘移动角

当矿体倾角大于围岩崩落角,两矿体又相距很近时,此时无论先采哪条矿脉,都会因采空区围岩移动而相互影响,见下图。在这种情况下,相邻矿体的开采顺序,应当根据矿体之间夹石层的厚度,矿石和围岩的稳固性,所选取的采矿方法和技术措施而定。一般是用先采上盘矿体、后采下盘矿体的开采顺序。如果夹石层不大,采用充填结成凿矿法时,也可以采用由下盘向上盘的开采顺序。

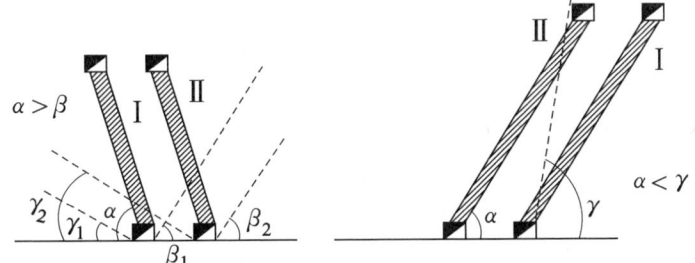

当围岩不够稳固时,为了加快回采强度,并且缩小采空区对围岩的影响,往往上盘矿体与下盘矿体同时回采,即对矿脉群采用平行开采的办法,但这种方法仅适用于矿脉比较少的情况。

同一个井田的数个矿体,往往贫富不均,厚深不均,大小不一及开采条件难易不同。在这种条件下,开采原则是贫富兼采,深厚兼采,大小兼采,难易兼采,否则将会破坏合理的开采顺序,将会造成严重的资源损失。

开采境界

圈定开采储量的三维几何体称为露天矿开采境界。在矿山开采设计过程中,由于各种矿床的埋藏条件不同,可能遇到下列几种情况:一是用露天开采剥离量太大,经济上不合理,而只能全部采用地下开采;二是矿床上部适合于露天开采,下部适合于地下开采;三是矿床全部宜用露天开采或部分宜用露天开采,另一部分目前不宜开采。对于后两种情况,都需划定露天开采的合理界限,即确定露天开采境界。

露天矿开采境界的确定十分必要,因为它决定着露天矿的工业矿量、剥离总量、生产能力及开采年限,而且影响着矿床开拓方法的选择和出入沟、地面总平面布置及运输干线的设置等,从而直接影响整个矿床开采的经济效果。因此,正确地确定露天开采境界,是露天矿开采设计的重要一环。

影响露天矿开采境界的因素:自然因素,包括矿床埋藏条件(矿体的分布情况、倾角、厚度等)、矿石及围岩的物理机械性质、矿区地形及水文地质条件等;经济因素,包括基本建设投资、开采成本、矿石质量、开采时的矿石损失和贫化、矿山基建期限及达到设计产量的期限、机械设备供应情况等;组织技术因素,包括的范围很广,其中限制露天开采的因素有地面的重要建筑物、厂房、铁路、河流及设置排土场的可能性等。

促进露天开采境界的因素:矿石和围岩松散极不稳定、矿物易燃或含泥量很多的矿床,不能采用地下开采方法。

露天开采境界的确定,实质上是剥采比大小的控制,使之不超过经济合理的剥采比。随着露天开采境界的延伸和扩大,可采储量增加了,但剥离岩土量也相应增大。合理的露天开采境界,就是指所控制的剥采比不超过经济上合理的剥采比。

采矿水平

开采水平(简称水平)是指布置有井底车场、阶段运输大巷,并担负全阶段运输任务的水平。广义的水平是指布置大巷的某一标高的水平面,既包括一个水平,又包括所服务的阶段。因此决定采矿水平的两大因素是井底车场和阶段运输大巷。

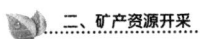

所谓井底车场,是井下生产水平连接井筒与运输大巷间的一组近似平面的开拓巷道。

阶段运输大巷布置的基本要求:必须满足阶段运输能力的要求,阶段生产能力大时多采用环形布置,反之采用单一沿脉巷道布置;矿体厚度小于4～15米时采用一条沿脉巷道,厚度为15～30米时,多采用一条(或两条)下盘沿脉加穿脉巷道或两条下盘沿脉加联络巷道;极厚矿体多采用环形运输;要满足探矿的要求,又能为今后采矿、运输所利用;必须考虑所采用的采矿方法,并符合通风的要求;系统要尽可能简单,工程量要小,开拓时间要短。

采场运搬

将回采崩落的矿石从工作面搬运到矿块底部受矿巷道的过程,称为采场运搬。采场运搬方法有重力运搬、机械运搬、爆力运搬和水力运搬等。前两种应用较多。

(1) 重力运搬。回采崩落的矿石在重力作用下,沿采场底板(或下盘)溜至矿块底部受矿巷道,这种采场运搬方法称为重力运搬。重力运搬矿石方法在开采倾斜与极倾斜矿体中应用非常广泛。

(2) 机械运搬。机械设备(电耙、输送机、自行设备等)直接进入工作面,将采场里崩落的矿石及时运走,这种采场运搬方法称为机械运搬。在金属矿山,常用的机械运搬设备有电耙和自行设备(装运机、铲运机、电铲与自卸卡车、装岩机与自行矿车)等。

(3) 爆力运搬。用深孔爆破时产生的动能,使崩下的矿石沿采场底部移运,抛到矿块底部受矿巷道中,这种采场运搬方法称为爆力运搬。当矿体倾角在30°～55°时,矿石既不能用重力运搬,用机械运搬又有困难,在这种条件下,先用爆力将崩落矿石抛掷一段距离,再靠惯性力和自重沿底板滑移到受矿巷道。

(4) 水力运搬。此法主要用于薄和中厚倾斜矿体,可用来冲洗重力运搬或爆力运搬底板残留的矿石或矿粉。

矿山坑道

为了开采埋藏在地下的矿床,从地面掘进一系列巷道和硐室与矿体相通,使之构成一个完整的提升、运输、通风、排水和供风、供电、供水系统,这一系列为矿床开采创造的巷道和硐室称为矿山坑道。

矿山坑道按其在开采矿床中所起的作用,可分为主要开拓巷道和辅助开拓巷道两类。主要开拓巷道用于运输、提升矿石,如主要运输平硐、提升竖井、提升斜井等。这些工程在地表有出口,使地表与矿床相沟通,起着主要开拓作用。辅助开拓巷道,如废石提运、通风(进风或出风)巷道,从上部中段往下部中段溜放矿石的溜矿井,从地表向井下输送充填材料的充填巷道,连接井筒与水平巷道的石门,井下调车场,各种专用硐室和阶段主要运输巷道等,起辅助开拓作用。

矿井

为开采埋藏在地下的矿床,必须从地表向地下开掘各种井筒式地下通道,即为矿井。矿井按倾角的不同分为垂直矿井、倾斜矿井、水平矿井(见图)。

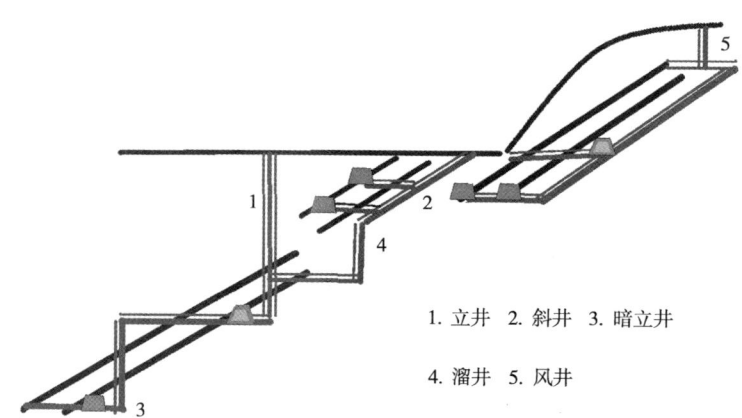

1. 立井 2. 斜井 3. 暗立井
4. 溜井 5. 风井

矿井示意图

垂直矿井又称立井或竖井,是指在地层中开凿的直通地面的垂直巷道,按功能分为主立井和副立井。

斜井(倾斜井),在地层中开凿的走向与水平面成一定倾角的主要巷道。斜井主要用于开拓埋藏于地面以下,埋藏深度不大,地表又无过厚表土的层状矿体。斜井倾角为15°～40°。斜井一般只适用于中小型矿床。国外的大型矿山也有用斜井开拓的,斜井用钢绳绞带运输机运输。

水平矿井(平巷),在地层中开凿的有地表出口的水平或近似水平的巷道。水平矿井一般铺设有运输轨道。它适用于开拓山区地形的矿床,矿体全部或大部分位于当地水平基准面以上。

剥离

剥离是指露天开采矿山在特定时期内为获得有用矿物而将矿床上覆土层、围岩及夹层进行开挖、爆破、清理,并运到开采境界线以外的指定排土场的矿山作业过程。

剥离包括以下几项:生产剥离、扩帮剥离和堑沟开拓;整修边坡和境界内路堑;将定向爆破时产生的废石及表土抛掷到规定的边界线以外。

掘沟、剥离和采矿是露天矿生产过程中的三个重要环节。露天矿下降速度的快慢、新水平准备时间的长短,主要取决于掘沟速度。为保证露天矿持续正常的生产,掘沟、剥离和采矿三者之间,在空间和时间上必须保持一定的超前关系,遵循"采剥并举,剥离先行"的原则组织生产。

掘进

为开采深埋地下的矿产,必须从地表开拓通往矿体的井巷。掘进是指地下开采矿山在特定时期内为了正常生产的需要(如运输、通风、行人、排水、储料以及保证"三级矿量"和采区、采矿工作面的正常持续等)开凿井巷和硐室的工作。

巷道掘进的主要工序有钻眼、爆破、装岩和支护;辅助工序有撬浮石、通风、铺轨、接长管线等。

提高巷道掘进速度的主要途径:改进凿岩爆破工作,提高钻眼效率,缩短钻眼所需的时间;提高装运、转载设备的效率,缩短装岩(包括转载、运输)工序的时间;加强掘进技术管理工作;改进通风防尘,采取合理的通风方式,缩短通风时间,加快循环速度。

冲击式凿岩理论

目前真正选用于凿岩工程的基本方法是机械破碎法。根据破碎作用的方式不同,机械破碎凿岩方法可分为冲击式凿岩、回转式凿岩及回转—冲击式凿岩。对于金属矿山来说,主要是用冲击式凿岩。

为了有效地破碎岩石,进一步提高凿岩效率,必须深入揭露岩石在冲击载荷作用下的规律,研究冲击式凿岩的基本理论,用以指导凿岩机具的设计、选择和使用,以达到提高凿岩生产效率的目的。大量凿岩工程的生产实践及研究证明,不论岩石和刀具的几何形状如何,在冲击载荷作用下,岩石的破碎过程都有三个基本规律。一是呈跃进式破坏。作用于刀具上的外载荷增加时,岩石首先产生弹性形变,刀具伸入的深度也随之增加。但当外载荷增至一定值时,侵深迅速增加,载荷下降产生了第一次跃进式破坏。此后载荷增加时,侵深又随压力的增加而增大,当其达到一定值以后,将发生第二次跃进式破坏,依次循环。二是产生承压核。在刀具的前方产生承加核,此核由被粉碎了的岩粉组成,其形成是由于剪应力作用的结果。它的形成改变了刀具作用在岩石的边界条件,从而改变了岩石内部应力分布。三是形成破碎漏斗。在刀具侵入岩石发生跃进式破坏的时候,由于较大破碎体的分离,在岩石上形成漏斗状的崩碎坑,称之破碎漏斗。不论压头形式、侵入方式及岩的种类如何,漏斗的顶角变化都不大,一般为 $120°\sim150°$。

在凿岩工作中,凿岩速度和效率是人们关心的问题,也是评价凿岩工作的主要指标,为此引进比功耗的概念(即破碎单位体积内岩石所需要的功)。冲击功是破碎效果的基本因素,是冲击式凿岩机械的主要参数之一。

采矿品位

通常我们把矿石中可供利用的元素或矿物称为有用成分。矿石所含有用成分的多少用品位来表示。

所谓品位,就是单位质量或单位体积内有用组分或有用矿物的含量。常用质量百分数(%)表示,有的用 $n\times10^{-6}$、克/米^3 或克/升表示。对某些液态或气态矿产,往往以单位时间内涌出量,如吨/日、吨/时、米^3/日来衡量。

对于贵重金属(金、铂等),矿石的品位是用 $n\times10^{-6}$ 表示的。这是因为这些贵重金属在矿石中含量很小。

边界品位:是指可采矿石有用成分含量的最低界限,是划分矿与非矿的界限,是圈定矿体范围的标准。在圈定的矿体范围内,任意取样点的品位,一般都不应当小于边界品位。

最低工业品位是圈定开矿有利、无利可图的一个统计指标，指在当前经济技术条件下，达到工业开采要求的平均品位的最低值。就是说，根据目前工业技术水平，当矿石的品位低于某个数值时，便没有利用的价值，这一数值的矿石品位叫最低工业品位。必须大于或等于最低工业品位才有开采价值，否则无开采价值。达到最低工业品位的矿石品位称为采矿品位。

边界品位和最低工业品位也是相对概念，是可以变化的。品位的表示方法实例：綦江铁矿赤铁矿品位大于30%，金岭铁矿磁铁矿品位56.24%，辉铜山铜矿品位2.04%，湘西金矿品位3～5克/吨，秦岭金矿品位15克/吨，红花沟金矿品位14.46克/吨（平均）。

复合矿石

地壳是由岩石构成的，岩石是由矿物构成的，矿物是由一种或多种化学元素组成的。地壳中的各种矿物质，凡能用开采、洗选和冶炼等现代技术提取国民经济和国防建设各部门所需金属或矿物产品的都叫矿石。矿石按其所含可被利用的矿石矿物种类的多少可分为单一矿石和复合矿石。只含有一种有用的矿物或金属的矿石称为单一矿石，如只含一种有铜矿物的铜矿石。含有两种或两种以上有用矿物或金属的矿石称为复合矿石，如铅锌矿石、铜钴镍矿石。

矿石矿物和脉石矿物的划分是相对的，尤其是随着人类对新矿物原料的要求不断增长和工艺技术条件的不断改进，目前尚无利用价值的脉石将来可能成为有用的矿石矿物，含有少量其他矿物的单一矿石也可能变成复合矿石。

采矿方法

矿山类型与采矿方法

矿山有露天矿山、地下矿山和水下矿山三种类型。采矿方法可分为露天采矿方法、地下采矿方法和水下采矿方法三种采矿方法。采矿方法是指自矿块内采出矿石所进行的采准、切割和回采工作的总称。采准工作掘进一系列巷道，为切割和回采工作创造条件；切割工作为回采工作形成自由面和落矿空间;回采工作自回采工作面采出矿石,包括落矿、出矿和地压管理三种作业。采矿方法分类繁多,常用的以地压管理为依据的简要分类见下表。

采矿分类

自然支护采矿法	人工支护采矿法	崩落采矿法
全面采矿法	干架采矿法	壁式崩落采矿法
房柱采矿法	干式充填采矿法	分层崩落采矿法
留柱采矿法	水力充填采矿法	无底柱分段崩落采矿法
横撑支柱采矿法	胶结充填采矿法	有底柱分段崩落采矿法
分段矿房采矿法		阶段崩落采矿法
阶段矿房采矿法		

自然支护采矿法,亦称空场采矿法。回采过程中形成的采空区,靠矿柱和围岩本身的稳固性维护,有的用支架或采下矿石作辅助或临时支护。本法适用于矿石和围岩都稳固的矿体。

人工支护采矿法,亦称充填采矿法。本法用充填材料或其他支架维护采空区,适用于围岩不稳固、矿石贵重和地表需要保护的矿体。其中充填材料维护使用最多。

崩落采矿法,随回采工作面推进,有计划地崩落围岩填充采空区。用这类采矿法时应允许地表塌陷。

选用采矿方法应考虑矿床地质条件、矿山技术条件和经济因素,以满足安全、经济、高效和优质的要求。

露天采矿方法

露天采矿方法是采用采掘设备在敞露的条件下,以山坡露天或凹陷露天的方式,一个阶段一个阶段地向下剥离岩石和采出有用矿物的一种采矿方法。露天开采与地下开采相比有很多优点,如建设速度快,劳动生产率高,成本低,劳动条件好,工作安全,矿石回收率高,贫化损失小等等。尤其是随着大型高效露天采矿及运输设备的发展,露天开采将会得到更加广泛的应用。目前,我国的黑色冶金矿山大部分采用露天开采。

建设一个露天开采矿山的整个过程,一般包括:矿区的地面设施建设,矿床的疏干和防排水,露天采场基本建设以及投入生产的一系列准备工作。

露天采场基建工程主要是开掘入车沟、出车沟和开段沟,铺设运输线路,建设排土场,剥离岩石,以及修建供排水、供电设施等。

出入沟是建立地面通往工作水平及各工作水平之间的倾斜运输道路。开段沟是在每个水平上为开辟开采工作线而掘进的水平沟道,也就是开辟阶段的最初工作线。

掘沟、剥离和采矿是露天矿生产过程中的三个重要环节。

露天矿生产过程中,不论是剥离还是回采矿石,工艺流程一般都要经过穿孔、爆破、装载和运输。

地下采矿方法

矿床埋藏地表以下很深,采用露天开采会使剥离系数过高,经过技术经济比较,认为采用地下开采合理时,则采用地下开采方式。

由于矿体埋藏较深,要将矿石采出来,必须开凿由地表通往矿体的巷道,如竖井、斜井、斜坡道、平巷等。地下矿山基本建设的重点就是开凿这些井巷工程。

地下开采主要包括开拓、采切（采准和切割工作）和回采三个步骤。开拓是为了由地表通达矿体而开凿的竖井、斜井、斜坡道、平巷等井巷掘进工程。采准是在开拓工程的基础上,为回采矿石所做的准备工作,包括掘进阶段平巷、横巷和天井等采矿准备巷道。切割是在开拓与采准工程的基础上按采矿方法所规定在回采作业前必须完成的井巷工程,如切割天井、切割平巷、拉底巷道、切割堑沟、放矿漏斗、凿岩硐室等。回采是在采场内进行采矿,包括凿岩和崩落矿石、运搬矿石和支护采场等作业。

地下矿床开采时,一般是先采上阶段,后采下阶段。

地下采矿方法很多,主要分以下三类:

（1）空场采矿方法。采区划分为矿房和矿柱。回采矿房时,所形成的采空区,利用矿柱支撑,因此使用这类采矿方法的基本条件是矿石和围岩均很稳定。

（2）充填采矿方法。在采区中,随着回采工作面的推进,用人工支撑方法来维护采空区并形成工作场地。

（3）崩落采矿法。它是随着矿石的崩落,以崩落围岩来充填采空区,达到控制管理地压的一种方法。因为上、下盘岩石崩落将会引起地表的塌落，所以地表允许崩落是使用这类采矿方法的必要前提。

地下开采，不论是开拓、采准还是回采，一般都要经过凿岩、爆破、通风、装载、支护和运输提升等工序。

海洋采矿方法

海洋采矿是从海水、海底表层沉积物和海底基岩下采取有用矿物的过程。

海底矿产资源主要有海水中的溶解矿物、海底表层矿床和海底基岩矿床。

世界海洋中约有 13.7 亿千米^3 的海水，其中含有 80 多种矿物元素，人们较为熟悉的有 60 多种。

海底表层矿床的有用矿物大都呈散粒状或结核状存在于各类海底松散沉积层中，它们可以用采矿船进行开采。

海洋采矿方法技术很多，但主要分为以下几类：

对于海水中溶解矿物的开采，多采用海水化学元素提取的方法，如海水制盐、海水提镁和海水提溴等。

海底表层矿床的开采，多使用采矿船，如海底锰结核开采。

海底基岩矿床的采矿方法，除具有一些特别要求外，一般都与陆地地下采矿，尤其是陆地水下采矿技术方法相类似。长期以来，对于近、浅海海底基岩矿床，一般都是广泛采用各种井巷开拓方法，即从超出海平面的陆地或人工岛屿上开掘竖井、平硐或其他形式的巷道，通向海底矿体。常用的有海岸竖井开拓法、人工岛屿竖井开拓法、海底隧道竖井开拓法和海底管道竖井开拓法等，如海底采煤技术。

金属矿产开采技术

空场采矿技术

空场采矿法在回采过程中，通常将矿块划分为矿房与矿柱，逐步回采，先采矿房,再回采矿柱。在回采矿房时,采场以敞空形式存在,依靠矿柱和围岩本身的强度来维护。矿房采完后,要及时回采矿柱和及时处理采空区。在一般情况下,回采矿柱和处理采空区同时进行;有时为了改善矿柱的回采条件,用充填料将矿房充填后,再用其他方法回采矿柱。在回采过程中,采场主要依靠暂留的矿柱或永久矿柱进行自然支撑,有时辅以人工矿柱支撑,这种采矿法要求围岩和矿石稳固。空场法矿房与矿柱的划分如图所示。

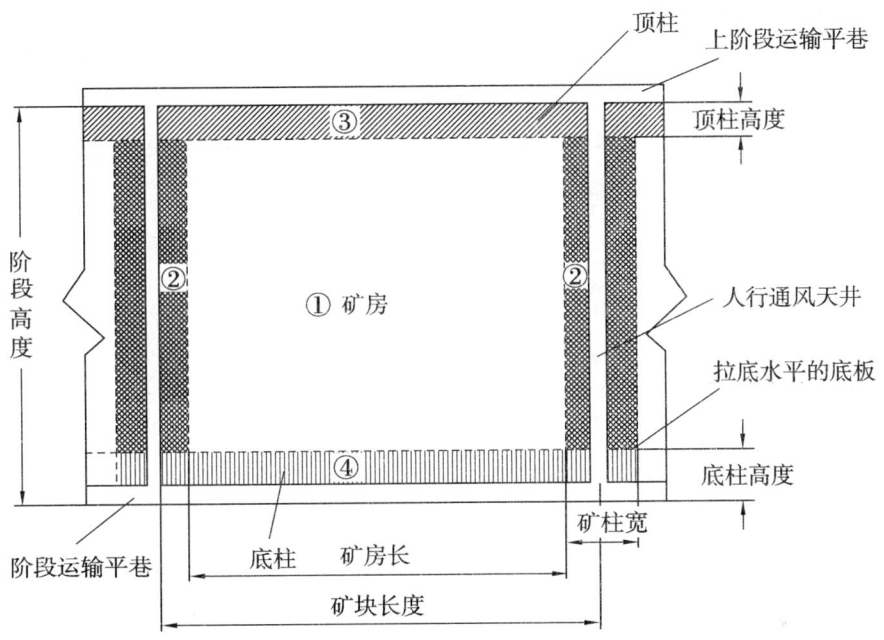

房柱采矿技术

房柱采矿法是空场采矿法的一种,它是在划分矿块的基础上,矿房和矿柱互相交替排列的,而在回采矿房时留下规则的或不规则的矿柱来管理地压。

房柱法主要是依靠围岩的稳固性和留下的矿柱来进行地压管理。如果顶板岩石的稳固性较差,则可以在顶板岩石中安装杆柱,以增加其稳固性;如果局部不稳固,则可以在这些局部地区留下矿柱。因此,这种采矿方法灵活性比较大。

房柱法留的矿柱,最初是留连续矿柱(又叫矿坚),并且矿柱一般是不进行回采的,作为永久损失。以后随着采矿技术的发展,将连续矿柱改为不连续矿柱,这样可以提高矿石回收率。

房柱法的矿房布置可分为两种:一种是用中深孔崩矿的,另一种是用浅孔崩矿的。我国多数使用浅孔崩矿的房柱法。

房柱法是回采矿石和围岩稳固的水平和缓倾斜矿体的一种有效的采矿方法。当矿体厚度比较薄(小于3～4米),顶板岩石很稳固,在矿体中夹有局部贫矿或废石,应用全面法更为合适;当矿体厚度小于8～10米时,可以采用浅孔留矿和电耙出矿的房柱采矿法。当矿体厚度很大时,可以采用深孔薄矿和无轨设备的房柱采矿法。房柱法在金属矿山主要用来开采沉积式铁矿床和铜、铅、锌、铝土、汞和铀等有色金属和稀有金属矿床,也用来开采岩盐、钾、石灰石等非金属矿物原料和建筑材料,使用范围很广泛。

留矿采矿技术

工人直接在矿房暴露面下留矿堆上面作业,自下而上分层回采,每次采下的矿石靠自重放出1/3左右,其余留在矿房中作为继续向上开采的工作台,以此类推,回采完毕后,留在矿房中的矿石集中大量放出,这种采矿方法称留矿采矿法。留矿法典型的是浅孔留矿法,留矿的作用就是起临时工作台作用,并不起支撑围岩的作用,因而留矿法应该属空场法的一种。对矿石和围岩稳固矿体厚度小于5～8米的急倾斜矿体,我国广泛地采用浅孔留矿法开采。

浅孔留矿法的适用条件:开采矿石和围岩稳固的急倾斜薄和极薄矿脉;矿石无氧化性、结块性和自燃性;矿体产状稳定,形状比较规整(否则会增加矿石的损失贫化)。特别是在下盘接触面有利于自重放矿的矿体中使用广泛,在有色金属矿床开采中,38%的矿石是用这种方法开采的。

浅孔留矿法在我国是一种应用比较广泛的采矿方法之一,用浅孔留矿法采出的矿石量,占全国这类矿脉矿石总产量的81%。

分段采矿技术

分段采矿法是在矿块的垂直方向再划分若干分段,在每个分段水平上布置矿房和矿柱,各分段采下的矿石分别从各分段的出矿巷道运出。分段矿房回采结束后,可立即回采本分段的矿柱,并同时处理采空区。

分段采矿法的特点:分段采矿法也是空场采矿法的一种,它是在划分矿块的基础上,沿矿块的垂直方向再划分为若干分段,各分段既凿岩也出矿。分段法的每个分段都是一个独立的回采单元,分段凿岩,分段出矿,分段法的矿房回采结束后,可以立即回采本分段的矿柱(顶柱和间柱),并同时处理了采空区。

分段采矿法的适用条件:矿石和围岩中等以上稳固的倾斜 30°～55°和急倾斜大于 55°原矿体开采。

随着无轨设备在我国的推广使用,分段法用于开采中厚和厚倾斜矿体,将是一种有效的采矿方法。特别是当其他条件较好只因倾角缓(40°多度),用其他方法采不合适时,用此方案可采出。

阶段矿房采矿技术

阶段矿房采矿法是用深孔落矿为主而回采矿房的采矿方法。它以整个矿房高度作为崩矿空间,用深孔进行落矿,崩下的矿石全部从底部结构内放出,崩矿和出矿都是在专用巷道、硐室、天井中进行,作业人员和设备都不进入采空区,这种方法属于很高效的地下采矿方法之一。根据落矿方式的不同,阶段矿房法可以分为两种,即水平深孔落矿阶段矿房法和垂直深孔薄矿阶段矿房法。

阶段矿房法的适用条件:要求矿石和围岩稳固,特别是围岩应当有足够的稳定性,使之在开采时不能自行崩落;要求矿体比较规正;要求是急倾斜、厚矿体;开采价值不高的矿体。

有待于解决的问题和发展方向:应当根据矿床赋存条件,正确选择矿块的构成要素,尽量增加矿房矿量的比重,减少矿柱矿量,并完善矿柱回采工艺,降低损失贫化。为了防止下盘丢矿,应当沿下盘接触线,掘进天井,在凿岩时控制崩矿范围。如果布置在上盘,孔底向着下盘,而孔底距大,炸药分布不均匀,爆破效率不好,且自由又不充分,所以丢矿,应合理选择解矿参数,减少大块。改进凿岩工具和设备,解决上水平巷道掘进机械化作业问题,特别是天井联络道和凿岩硐室的掘进和出矿比较困难,体力劳动繁重,应加以改进。

单层崩落采矿技术

单层崩落法(即壁式崩落法)是开采缓倾斜、中厚以下、顶板不稳固矿体的一种采矿法。我国常在铁矿、锰矿、铝土矿和黏土矿矿山应用。这种采矿法是矿块按矿体全厚作为一个分层回采,以壁式工作面沿走向方向推进,除保留回采工作所需空间外,有计划地崩落顶板岩石,借以充填处理采空区和降低工作面地压。

该法根据工作面形式不同分为长壁式、短壁式及进路式三种。

(1) 单层长壁式崩落采矿法。这种采矿法工作面是壁式的,工作面的长度等于整个矿块的斜长。它主要适用于开采地表及围岩允许崩落、顶板岩石不稳固、厚度为0.8~2.0米的水平及缓倾斜的规则矿体。

(2) 单层短壁式崩落采矿法。该方法主要用于开采顶板岩石稳固性较差的矿石,此时在上下阶段巷道之间,沿矿层的走向掘分段巷道,用分段巷道划分工作面,将工作面的长度缩短,以减少顶板暴露长度和暴露时间,加快出矿,以利于顶板管理。

(3) 单层进路式崩落采矿法。该方法主要用于开采松软矿石和顶板岩石极不稳固的缓薄矿体。当矿层稳定性更差时,采用短壁式工作面回采也不允许,这时将矿块用分段凿岩巷道或上山划分为沿走向的小分段或沿倾斜的条带,从分段巷道或上山向两侧进路进行回采。

分层崩落采矿技术

当围岩及矿石均不稳固且急倾斜时,按矿层由上向下回采矿块,每个分层矿石采出后,随着回采分层的下降,上部采空区围岩及覆岩跟着崩落,并充填到采空区。为防止矿岩相混并隔绝崩落岩石漏入工作空间,保证分层回采工作的安全,不受上部崩落岩石的冲击,需要在工作分层上部做人工假顶。

该方法适用的条件:矿石价值较高;矿石松散破碎不稳固,不允许在暴露的矿石顶板下作业;地表允许崩落;矿体倾角与厚度必须能使人工假顶随回采工作下移,倾角大时厚度不应小于2米,缓倾斜时不应小于4.0~5.0米;围岩不稳固,暴露后可能自然崩落于采空区。当矿体倾角小于不能借自重沿天井溜放矿石时,段高取 20.0～25.0 米;当矿体倾角大和使用脉外天井时,段高取 50.0～60.0 米,脉内天井取 30.0～40.0 米,矿块长度一般小于 60 米,矿块宽度通常小于 30 米。分层高度,当压力很大时可取 2.0～2.5 米,一般条件下可取 3.0～3.2 米;当开采条件比较好时回采巷道宽度取 3.0～3.5 米,分层高度取 3.5 米。

无底柱分段崩落采矿技术

无底柱分段崩落法是将阶段用分段回采巷道划分为若干分段,由上向下逐个分段进行回采,随后由崩落围岩充填采空区,分段下部不设出矿的底部结构,以小的崩矿步距爆破下来的矿石在崩落围岩的覆盖下直接由回采进路端部放出,凿岩、出矿共用同一巷道。

这种采矿方法各阶段不设放矿的底部结构,与留有保护出矿巷道的底柱空场法、充填法和有底柱崩落法不同,不留任何矿柱;凿岩、爆破、出矿等回采作业均在同一回采进路内顺序进行;上下分段进路在空间呈菱形交错布置;在回采进路端部于崩落围岩覆盖下进行挤压爆破和放矿;矿石回采从回采进路的上(下)盘一端开始,按步距顺序后退回采,直至下(上)盘一端矿体边界为止。

空场法、充填法和有底柱崩落法,它们共同的一点是都留有保护出矿巷道的底柱(大部分),因而这就带来一些问题:回采底柱时矿石损失贫化大,个别情况下超过 40%～50%;采准巷道的布置复杂,采准工作量大,一般达到 10～25 米/千吨;掘进采准巷道时劳动条件差;底部结构上的复杂化,给实现机械化采矿增加了困难;矿石稳定性比较差时,还能引起底柱的破坏,电耙道维护困难,因而降低了有底柱类型的采矿方法的回采率和强度。

为了解决上述问题,人们逐渐研究并推广使用无底柱分段崩落法,这样可以简化矿块结构。无底柱分段崩落法可以采用凿岩台车和装运机、铲运机等大型采掘设备,因而大大提高了凿岩、出矿效率,从总体看,这是一种高效率的采矿方法。

无底柱分段崩落法的改进方向:研究新的采场结构形式及其合理的采矿方法结构参数,提高采矿强度,降低矿石损失和贫化,从根本上改变通风条件;研究降低损失贫化的一些辅助机械设备;研究先进的检测手段(如化验出矿截上品位的仪器等);研究制造适合我国实际的采用无底柱分段崩落法矿山的高效率低污染或无污染的采、装运机械设备和辅助作业设备,并使这些设备配套,使之得到切实的经济效果。

有底柱分段崩落采矿技术

有底柱崩落采矿法,按分段逐个进行回采,每个分段的下部均设有专用的底部结构。由于落矿方式的不同,可以分为水平深孔落矿有底柱分段崩落法和垂直深孔落矿有底柱分段崩落法两种。水平深孔落矿的有底柱分段崩落法矿块结构明显,每个矿块均有独立的出矿、通风、行人及运送材料设备的完整系统,在崩落层下部一般要开掘补偿空间,以进行自由空间爆破。垂直深孔落矿的有底柱分段崩落法矿块结构不明显,矿块之间没有十分明显的界限,落矿采用挤压爆破,并且连续回采。

有底柱崩落采矿法的适用条件:矿石中等稳固以上,覆盖岩石不稳固,易受挠动自行崩落;矿体形态不复杂,夹石不多,矿体上部没有流砂层、含水层或未疏干的尾砂,而且地表允许塌落;矿石不结块,流动性好,在围岩覆盖下容易放矿;矿体厚度在5米以上的急倾斜或任何倾角的厚和极厚矿体开采时均可用此法,厚度在15～20米、倾角大于70°～75°时效果最好;该方法损失、贫化较大,不可以用于开采高品位及贵重稀有的金属。

阶段崩落采矿技术

阶段崩落法属有底柱崩落法的一种,具有有底柱崩落法的共同特点。阶段崩落法是在阶段的全高上进行回采,不再划分成分段,而是以全阶段作为一个矿块来开采。它采用深孔大爆破方法,一次崩落全阶段的矿石。它是单步骤连续回采的,在崩矿之前必须开凿足够容积的补偿空间。

根据落矿手段的不同,阶段崩落法可分为:阶段自然崩落法和阶段强制崩落法。阶段自然崩落法对地质条件的要求严格,故目前我国还未获得推广应用。阶段自然崩落法的应用条件:矿体厚度大于10～15米的急倾斜矿体及任何倾角的较厚矿体;中硬以上没有自然崩落倾向的矿块;上下盘围岩稳固性应保证在开凿补偿空间时不至于提前崩落而增加贫化。对于极厚矿体,任何稳固程度的围岩都可以;矿石无结块性、自燃性;地表允许崩落。总体看,阶段崩落法适合于开采低品位的厚大矿体。

阶段自然崩落法采矿技术

阶段自然崩落法的实质:在矿块的底部,进行一定面积的拉底,在其侧邦作适当的切割后,受矿石自重和上部覆岩的压力作用,自然崩落阶段高度的矿石。阶段自然崩落法是分段崩落法进一步发展的结果。

在具有自然崩落性质的矿石中,进行足够面积的拉底之后,矿石受自重及上部岩石压力的作用,将逐渐发生崩落现象,但这一过程仅限于自然平衡拱的范围。在此平衡拱以上的矿石,则处于应力平衡状态,因此停止了自然崩落。为了使矿石继续向上发展自然崩落矿石,则必须不断地破坏自然拱口的应力平衡状态。

破坏自然拱的应力平衡方法有两种:扩大拉底面积,使拱基在水平面,向矿块范围外移动,由于种种原因(困难多),实际生产中不能采用;在垂直面,向上不断移动拱基支撑点,而使矿石崩落在矿块范围之内,为此,必须在矿块的侧邦局部或全部地削弱矿石与周围的连接力,这种方法在生产中普遍应用。

随着矿石崩落过程的发展放出大约1/3的矿石,同时放矿速度与放出矿石量,应与自然崩落的发展相适应。放矿速度快,可能产生大块现象,反之将会影响自然崩落过程正常的发展。因此,本方法在崩落过程中的放矿工作,是控制自然崩落的重要手段。

充填采矿技术

随着回采工作面的推进,逐步用充填料充填采空区的采矿方法称为充填式采矿法,有时还用支架与充填料相配合维护采空区,此时称为支架充填式采矿法。这类采矿法分为矿房与矿柱,分步回采,或不分矿柱连续回采。矿岩稳固时可以上向回采,矿岩稳固性较差时可以下向回采,边回采边充填,以此进行地压管理。矿岩稳不稳固均可采用此法。

充填式采矿法的主要特征在于充填工序作为回采工序的一环,充填体起控制采场地压、支撑围岩、减缓和阻止采后采空区围岩的破坏和移动的作用。这种采矿方法可以在工作面上进行手选,矿柱可以用充填体代替,矿石损失、贫化较低。这种采矿方法被普遍用于开采贵重金属、稀有金属、有色金属富矿和核工业矿床等。

充填式采矿法的适用条件：可以用来开采围岩条件不稳固或围岩及矿石均不稳固的有色金属富矿和贵重金属、稀有金属矿床；有利于开采深部矿床、水下建筑物下和构筑物下矿床以及有自燃倾向的矿床；近年来随着无轨设备、高分层落矿及充填系统自动化等技术的不断进步，这种采矿方法的采矿成本下降、采场生产能力提高、劳动生产率提高，在一些围岩、矿石稳定的矿山也采用充填式采矿法，并取得了良好的经济效果。

露开砂矿水力开采技术

砂矿床是指含有自然金属或有用矿物碎屑的松散物或胶结物的聚合体并具有工业价值的矿床。砂矿床的主要矿产有金、锡、金刚石、铂、钛铁和稀土矿物以及建筑用石英砂等。

所谓露开砂矿水力开采技术，是指在露天条件下，采用水力冲采砂矿床的方法技术，目前主要采用水力机械化开采。水力机械化开采通常是指用水枪产生的射流冲采土岩，形成浆体，再以加压和自流水力运输方法输往选厂或水力排土场。其基本特点是利用同一水流依次完成冲采、运输乃至洗选和尾砂排弃等工作，形成连续的生产工艺过程，是一种高效率的开采方法。

原地浸出采矿技术

用溶浸液从天然埋藏条件下的非均质矿石中有选择地浸出有用成分，并抽取反应生成化合物的采矿方法称为原地浸出采矿，也叫地浸。这里所指的"原地"和"天然埋藏"是指矿石未经任何位移。通过注液工程注入矿层，用于浸出矿石中有用成分的溶液，称为溶浸液。溶浸液与矿石中的有用成分接触，进行化学反应所生成的可溶性化合物，在扩散和对流作用下进入沿矿层渗透的溶液液流。含有用成分的溶液，在人工造成的液压驱动下向一个方向运动，并通过集液工程抽至地表。被抽至地表的含有用成分的溶液，称为抽出液或浸出液。抽出液的有用成分，达到一定含量的是原地浸出工艺的产品，称为产品溶液（贵液或富液）。

将溶浸液浸入矿层的注液工程和把含有用成分的溶液抽至地表的集液工程，既可是钻孔、井巷或地表沟槽，也可是注液钻孔与集液井巷相配合的联合工程。目前这种方法用于开采铀矿和铜矿，正在进行进一步的研究，以期用于开采金、锰、硒、稀土、鲕状褐铁矿等矿产。原地浸出技术，并不是任何矿床都适用，只适用于矿石稀松、破碎、裂隙或孔隙发育，并具有一定渗透性能的矿床。

原地浸出采矿法的主要工艺技术：在地浸企业建设和生产中，有钻孔工程、溶浸液配制和使用方法、溶浸范围控制、产品溶液水冶加工处理和三废等项技术。其中前三项是保证原地浸出能够顺利进行，并达到原地浸出采矿各项要求的最主要工艺技术。

海底锰结核开采技术

海洋采矿大致分为大陆架采矿和深海底采矿两部分。大陆架采矿基本上以开采石油、天然气为主。深海底采矿，目前经济价值较大的主要有锰结核、金属软泥、热液矿床等。深海底锰结核矿的储量为2万亿～3万亿吨，为陆地锰资源的4 000倍左右；该矿一般呈黑色、多孔、质轻和形状不一的硬壳体，含有铁、锰、镍、铜、钴、钛等30多种金属元素，品位很高，被称为"21世纪的矿物"，目前各国都在竞相研究开发。

海底锰结核采矿系统，一般划分为三个组成部分，即海底集矿装置、矿石垂直提升设备和海上作业台三部分。也有人划分为四个部分，即集矿装置、提升装置、采矿船测量和控制装置。

单斗式采矿船是开采海底锰结核的最简单方法。它是钢索前端系上拖斗，并落到海底，随后拖斗随船拖航，直到装满锰结核后，提出海面卸进船上漏斗中，再从漏斗通过砂泵输送到运货驳船上。

双斗式采矿船就是采用两根钢索系上拖斗，一个斗上，一个斗下，采取"Z"字形路线航行，防止两斗互相缠绕，采矿效率可获得单斗式的2倍，但仍不能大幅度提高采矿效率。

连续绳斗式采矿船，又称CLB采矿船，1967年由日本人孟田善雄发明，其特点是用高强度尼龙材料制成缆索，在缆索上每隔一定间隔（25～50米）挂上铲斗，缆索绕过船上的摩擦驱动装置，形成无极绳式循环运转。缆索铲斗随船拖航，以铲取海底锰结核，从而基本上实现了连续采矿作业。CLB采矿船法有单船和双船作业两种方法。

管道提升采矿船法，从采矿船下吊运输管道到海底，集矿机在海底采集锰结核，供管道进行连续提升。按动力不同分为水力提升、压力提升和轻介质提升三种方式。

潜水式采矿船法，采矿船利用廉价压舱物，借自重沉入海底，采集锰结核装满船舱后，抛弃压舱物而浮出海面。

煤炭开采技术

特殊凿井技术

煤炭是我国的主要能源，又是工业生产的原料。随着国民经济的发展，各部门对煤炭的需求量日益增加。我国煤炭资源丰富，煤田分布广泛，有些煤田赋存的地质条件非常复杂。在地质和水文地质条件复杂的矿区建设新矿井，采用普通凿井法施工将会遇到很大的困难，有时甚至是不可能的，只有采用一些特殊的技术措施和方法，才能保证施工的顺利进行。在井巷施工中所采用的这些特殊的技术措施和方法，一般叫做"井巷特殊施工法"，简称"特殊凿井"。因此，特殊凿井是指在那些不稳定的松散含水层（例如流砂、淤泥层），或者稳定但涌水量很大的裂隙岩层或破碎带中，预先采用特殊的技术措施或其他科学方法，改善客观条件以后再进行施工或者用机械破岩方法直接钻进井筒的施工方法。这些技术措施有冻结法、沉井法、混凝土帷幕法、注浆法、钻井法以及板桩法、旋喷法、盾构法、管棚法、降低水位法、电渗与电化学加固法等。

特殊凿井技术措施按其实质和特点可分为三类。一是围岩加固类。在井巷工程开凿之前，对围岩采取暂时或永久性的加固措施，使施工范围内的围岩稳定后再进行掘砌作业。冻结法、注浆法、降低水位法等均属此类。二是超前支护类。在井巷工程开凿之前，对围岩采取超前支护的措施，用以隔绝或减少流砂和地下水的涌入，然后在超前支护的保护下进行掘进或砌壁施工。沉井法、混凝土帷幕法、板桩法、管棚法和盾构法等均属此类。三是机械破岩类。采用大型机械直接破岩、出矸和砌壁，全部掘砌施工实现机械化，如钻井法等。

岩巷支护技术

岩巷支护是采矿工作的重要环节,是软岩中巷道稳定的重要因素,其质量事关采矿工作能否安全进行。随着科学技术的进步,支护方法及理论也在不断发展。常用的支护方法有整体混凝土支护、锚杆支护、喷射混凝土支护和棚式支护。

整体混凝土支护是矿山井巷支护的主要形式,用于松软破碎、节理裂隙发育、有渗水的岩巷的支护,特别是服务年限较长的重要井巷或硐室。

锚杆支护是向巷道围岩钻孔,通过在孔内安装和锚固由金属、木材等制成的杆件,达到支护的目的。目前国内外使用的锚杆种类很多,但按其对岩体的锚固方式的不同,可分为端部固定式、全长固定式及混合式三类。

喷射混凝土支护是将一定比例的水泥、砂、石的拌和料通过混凝土喷射机,用压缩空气做动力沿着管路压送到喷嘴处与水混合后,以较高的速度喷射在岩面上凝结硬化而成的一种支护形式。喷射混凝土分为干喷和湿喷两种。干喷是指通过喷射机的干拌料在喷嘴处与水混合,再喷向岩壁。湿喷指通过喷射机的湿拌料直接喷向岩壁。前者粉尘大,后者易堵管。

棚式支护是在围岩十分破碎不稳定,不适宜锚喷支护,而且巷道服务年限不长(8~10年),砌护不经济的情况下,而采用的棚式支架。可分为木质棚式支架和金属棚式支架两种。

"三下"采煤技术

三下采煤技术是建筑物下采煤、铁路下采煤、水体下采煤的总称。

(1)建筑物下采煤。地下开采引起岩层与地表移动,在其影响范围内建筑物会受到损害或破坏。为充分采出煤炭资源又维持建筑物的安全使用,必须研究建筑物下允许开采的条件和采煤方法。

其总原则是:减小地表变形值;避免在建筑物下方形成永久性的开采边界,以免使建筑物处地表出现较大的永久性变形。常用以下措施:

① 充填开采。水砂充填的效果最好,可使地表下沉系数(单位采高引起的地表下沉值)限制在0.1~0.2之内。风力充填时下沉系数为0.3~0.4,也明显小于垮落法开采。

② 全柱开采。在建筑物保护煤柱范围内,用一个长工作面或几个工作面组成长工作面同时推进,各工作面之间有一定超前距离。

③ 同时等厚开采。如矿柱范围内有几个煤层或几个采区同时采一个煤层或不同煤层,应使各处开采厚度相同,使建筑物均匀下沉。

④ 择优开采。开采多煤层时,为取得经验和数据,可不遵循由浅而深的开采顺序,选择对保护建筑物有利的煤层先采。

⑤ 协调开采。在上下两个煤层(或分层)中布置两个工作面,保持一定间距同时推进,使地表正负变形值部分抵消,减少对建筑物的损害。

⑥ 选择有利的开采方向。当建筑物在平面上位于采区中央时,应使长壁工作面平行于建筑物长轴方向;当建筑物位于采区之外时,使长壁工作面垂直于建筑物长轴方向。尽量避免使长壁工作面与建筑物轴向斜交。

⑦ 条带开采。将煤层划分成条带,采一条留一条,依靠留下的条带煤柱支撑岩层,减少地表下沉。如采空区再用水砂充填,地表下沉系数可降为 0.01～0.03。

现有建筑物的加固及防护措施:对长度较大的房屋增设变形缝,将房屋分割成长度不超过 20 米的能独立地适应地表变形的独立单体;设置加固圈梁和钢锚固拉杆,以加强房屋单体的刚度和强度;挖变形补偿沟,以减小地表压缩变形对房屋的影响。

(2) 铁路下采煤。地下开采引起的岩层与地表移动,降低了区内的铁路质量,如:铁路纵断面标高、坡度和变坡点的变化,两轨面水平和弯道超高的变化,轨缝变化、轨距变化,线路方向和平面位置的变化,钢轨应力变化,导致涨轨或拉断鱼尾板等,影响正常安全运行。在铁路下采煤时,一般仅对铁路进行维修。只有在车次频繁、车速高,而且预计地面的下沉量和下沉速度较大时,才采取专门的地下开采措施。为了给维修铁路提供资料,可在钢轨与路基上设置观测站,进行移动和变形观测。铁路下采煤的地面维修的关键在于严密地组织管理工作。措施有:调整坡度、起道、拨道,调整轨平、轨距和轨缝等;有时要加宽路基、填堵地面裂缝和疏排积水等;应加强线路的巡检,必要时降低车速。

地下开采措施包括:合理布置采区,使地面可能产生的裂缝尽量远离路基和尽量减小路基的横向位移;用分层开采方法控制采高,以减小地面下沉速度;采用其他防止地表突然沉陷的措施等。

在桥梁下开采时,除合理布置采区,尽量减小可能引起的桥梁横向位移外,在预计下沉量和桥梁纵向变形值不大、桥的过水断面能满足要求的条件下,一般可采取调整坡度和将桥梁固定支座改为活动支座等措施,必要时应加高桥台和桥墩,抬高下沉的桥体。桥涵的抗变形能力较强,所以实践中有时将桥梁改为桥涵,以实现桥下开采。

(3) 水体下采煤。矿区常见的水体有地面水(江河湖海、水库、坑塘、水稻田、洪水和地面下沉盆地积水等)和地下水(松散砂层水、砂岩水、石灰岩溶洞暗河水和采空区积水等)两大类。水体下采煤是指对水体不进行处理,直接在其下方开采,而又避免水砂窜入井巷或增加矿井涌水量,以免恶化劳动条件或造成安全事故。早在一百多年前,英、日、澳等国家即已进行海下采煤。后来,前苏联、原联邦德国等国家也进行了河流及流砂层下采矿。1949 年以来,中国比较广泛地在各种类型的水体下开采煤矿,中国煤炭科学家也对此作了系统研究,目前,不仅在淮河、太子河、小汶河及蒲河等较大的河流下进行采煤,而且在湖下(如微山湖)进行了采煤。

① 保留保安煤柱。水体下采煤的基本要求是防止水砂窜入井巷。这就必须在水体底面与开采上限之间保留相应高度的保安煤柱。

② 了解地层的岩性和结构特征,是水体下能否安全开采的重要因素。页岩、泥岩、泥质砂岩、泥质灰岩,特别是黏土和砂质黏土等隔水层是进行水体下采煤的良好条件。

③ 掌握采煤引起的覆岩冒落带和导水裂缝带的分布规律,可合理确定保安煤柱。导水裂缝带是指受采动影响前后透水性有所增加的部分覆岩。我国研究表明,开采缓倾斜厚煤层或分小阶段开采急倾斜煤层时,在煤层坚硬、中硬和软弱

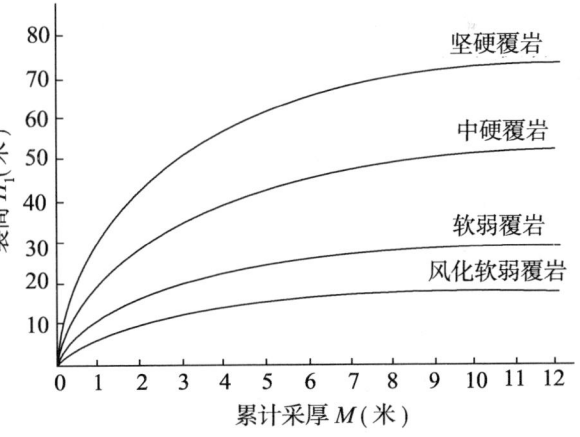

缓倾斜煤层裂高与累计采厚的关系曲线

的条件下,冒落带和导水裂缝带高度,分别与累计采高和累计回采阶段垂高近似地呈分式函数关系(见图,缓倾斜煤层裂高与累计采厚的关系曲线),即随着采高或回采阶段垂高的增加,冒落带和导水裂缝带高度增大的幅度愈来愈小。

④ 采取技术措施。采用充填及条带或房柱开采法,可有效地减小采矿引起的冒落带和导水裂缝带高度。

水体下采煤发生溃水、溃砂或淹井事故的主要原因:保安煤柱尺寸太小,以致回采掘进边界接近到水体;开采方法不当,引起覆岩破坏高度偏大;地质资料不清,或在采掘中遇到不利的地质构造破坏和风化破碎岩层。

煤矿避险技术

煤矿开采具有广泛的风险。矿井开采是地下作业,要与顶板、瓦斯、水、火、粉尘等五大危害作斗争,尽管发展了各种安全开采技术,但在复杂的条件和随机因素作用下,仍有一定危险,因而实施煤矿避险技术具有十分重要的意义。

(1) 顶板防范。顶板事故是最常见、最容易发生的事故,要注意防范。当出现以下一种或几种征兆时,要及时采取防范措施:顶板、支架发出响声;顶板掉渣;煤壁片帮;顶板出现裂缝;顶板脱层;直接顶漏顶等。

(2) 瓦斯预防。瓦斯是矿井杀手,有多种危害。瓦斯事故是可以预防的,防止瓦斯积聚和出现火源就可以预防瓦斯事故的发生。监测监控是有效预防瓦斯积聚的重要措施,要爱护监测监控设备,不能因为监测监控系统报警、断电影响生产而擅自调高监测探头的报警值,破坏瓦斯监测探头或用泥巴、煤粉及其他物品将瓦斯监测探头封堵上。井下的风筒、风门、风桥、风障等通风设施是为矿工提供新鲜空气和防止瓦斯积聚、预防瓦斯事故的最重要的基础设施,这些通风设施一旦被破坏,风流就可能紊乱,导致瓦斯事故,造成重大人员伤亡。

矿灯、机电设备产生的火花都能引起瓦斯爆炸和矿井火灾,导致人员重大伤亡,所以在井下不能随意拆开、敲打、撞击矿灯,不准带电检修、搬迁电气设备,更不能使用明刀闸开关。

无声征兆:工作面顶板压力增大,煤壁被挤出、片帮掉渣、顶板下沉或底板鼓起、煤层层理紊乱、煤暗淡无光泽、煤质变软、煤壁发亮,工作面风流中瓦斯忽大忽小,打钻时有顶钻、卡钻、喷瓦斯等现象。

有声征兆:煤层发出劈裂声、闷雷声、机枪声、响煤炮,声音由远到近、由小到大,有短暂的、有连续的,间隔时间长短不一,煤壁发生震动或冲击,顶板来压、支架发出折裂声。

(3)煤尘爆炸预防。有些煤矿的煤尘具有爆炸性,一旦发生煤尘爆炸,会导致矿毁人亡,后果十分严重。但只要认真执行《煤矿安全规程》和有关规章制度,有效实施煤层注水、湿式打眼、使用水炮泥、喷雾洒水、冲洗巷帮等综合防尘措施,煤尘爆炸是完全可以预防的。

(4)火灾防范。井下火灾后果十分严重,会造成重大人员伤亡和财产损失,还会引发瓦斯、煤尘爆炸,导致灾害进一步扩大,应十分注意矿井火灾的防范:一是不能在井下用灯泡取暖和使用电炉、明火;二是在没有得到批准的情况下,不得从事电、气焊作业;三是不能将剩油、废油随意泼洒,也不能将用过的棉纱、布头和纸张等易燃物品随意丢弃。

(5)水灾防范。矿井水灾事故是煤矿五大自然灾害之一,也会造成人员的重大伤亡。当观察到以下一种或几种征兆时,必须停止作业,判明情况,立即向领导或调度室报告,并从受水害威胁的区域撤出:工作面变得潮湿,顶板滴水、淋水、岩石膨胀、底鼓、矿压增大、片帮冒顶,支架变形,有水叫声,煤层挂汗、挂红,工作面有害气体增加、有时带有臭鸡蛋气味等。

(6)爆破防范。炸药在爆炸过程中会产生爆炸火焰,防范措施不当就会引起瓦斯爆炸,因爆破作业引发的瓦斯事故时有发生。为了防止因爆破作业引发的瓦斯事故,有关规章规定:爆破作业必须严格执行"一炮三检"制度(装药前、放炮前、放炮后检查瓦斯浓度),爆破地点附近20米以内风流中瓦斯浓度达到1%时,严禁装药、爆破;井下爆破作业必须使用专用发爆器,严禁使用明火、明刀闸(开关)、明插座爆破;炮眼必须按规定封足炮泥、使用水炮泥,严禁使用煤粉或其他易燃物品封堵炮眼,无封泥或封泥不足时严禁爆破。

(7)避险原则。事故发生后,有效的自救和互救可减少事故伤亡,挽救自己和他人的生命,因而要主动学习和掌握矿井灾害预防知识和自救、互救知识,熟悉井下避灾路线。

洁净煤技术

洁净煤技术是高效、洁净的煤炭加工、燃烧、转化和污染控制的技术。通过加工可减少煤的硫分、灰分;通过洁净、高效的燃烧可显著减排大量的SO_2及一定量的CO_2;通过转化可把煤转化为清洁的液体、气体燃料,使煤炭得到清洁的利用。

我国目前已经具有很成熟的煤炭加工技术,如洗选、动力配煤、型煤及水煤浆等。煤炭通过加工可以显著提高煤炭质量,采用加工后的煤炭产品可减少污染物的排放,提高利用效率,减少设备磨损、检修时间和煤炭运输费用等。

选煤是合理利用煤炭、保护环境的最经济和有效的技术,是煤炭深加工的前提,每选煤1亿吨,约可减少100万吨的SO_2排放量。动力配煤是将不同品质的煤取长补短,经过破碎、筛选按比例配合,并辅以一定的添加剂以适应用户对煤质的要求。统计表明,锅炉采用配煤后,平均节煤可达5%。我国已有年产动力配煤8 000万吨的能力。我国民用型煤配以先进的炉具,热效率比效煤高1倍,一般可节煤20%~30%,煤尘和SO_2减少40%~60%。水煤浆是由煤、水和化学添加剂按一定的要求配制成的混合物,具有较好的流动性和稳定性,易于储存,可雾化燃烧,是一种燃烧效率较高和低污染的较廉价的洁净燃料,可代重油缓解石油短缺的能源安全问题。我国已基本解决水煤浆的制备、煤烧技术,已有年产208万吨水煤浆的生产能力。

洁净燃烧和发电技术:一是循环流化床燃烧技术;二是增压流化床燃烧技术;三是煤气化联合循环发电技术;四是大容超临界机组(包括超超临界机组);五是烟气脱硫技术。

煤炭地下气化技术

煤炭地下气化(UCG)就是将处于地下的煤炭直接进行有控制的燃烧,通过对煤的热作用及化学作用而产生可燃气体的过程。该过程集建井、采煤、地面气化三大工艺为一体,变传统的物理采煤为化学采煤,省去了煤炭开采、运输、洗选、气化等工艺的设备与人员投入,因而具有安全性好、投资少、效益高、污染少等优点,深受世界各国的重视,被誉为第二代采煤方法。早在1979年联合国"世界煤炭远景会议"上就明确指出,UCG是从根本上

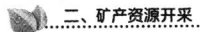

解决传统开采方法存在的一系列技术和环境问题的重要途径。

LLTS—UCG 是长通道、大断面、两阶段煤炭地下气化新工艺。长通道、大断面气化炉建设不需要特殊技术,一般矿井都可以利用现有的技术和物质条件建设该气化炉,建炉大部分工作为煤巷掘进,且工程煤可以补贴建炉费用。气化通道断面加大后,供风阻力降低,电耗降低,单炉产气量增大,热稳定性较好;气化通道延长后,热解煤气产量大,煤气热值高,单炉服务时间长,因此长通道、大断面气化炉有利于气化过程的稳定。两阶段 UCG 工艺,是一种循环供给空气(或纯氧、富氧空气)和水蒸气的地下气化方法。第二阶段为鼓水蒸气、生产热解煤气和水煤气的阶段。

欲向海底淘金——海底采煤技术

海下煤田勘探及开采技术复杂,此前只有英国、日本、美国、澳大利亚等国家能够开采,龙矿人此次海底采煤大获成功,使我国成为第五个海下采煤国家,而其开采过程中所形成的大量科学数据将对中国乃至世界的采煤史产生重要的意义。随着海域采煤的延伸,随着我国科学技术和装备水平的不断提高,我们可以探索到更多的海下煤炭资源。据专家介绍,作为我国第一次海下采煤,北皂煤矿海域工程汇集了国内外采煤技术之大成:井下人车、海域索道的装备,解决了员工远距离作业的体力消耗;中央泵房、变电所、集中皮带,实现了无人值守自动化;海域首采面采用了综采放顶煤技术,在世界尚属首次;海域人员定位系统,实现了海域劳动组织全方位监控。

海底煤矿的开采技术,除具有一些特别要求外,一般都与陆地地下煤矿尤其是陆地水下采煤技术方法相类似。长期以来,对于近、浅海海底煤矿,一般都是广泛采用各种井巷开拓方法,即从超出海平面的陆地或人工岛屿上开掘竖井、平硐或其他形式的巷道,通向海底煤矿体。常用的有海岸竖井开拓法、人工岛屿竖井开拓法、海底隧道竖井开拓法和海底管道竖井开拓法等。

矿井杀手——瓦斯的危害

瓦斯是一种窒息性气体。当空气中瓦斯浓度达到 43% 时,氧气浓度将降至 12%,人会感到呼吸困难;当瓦斯浓度达到 57% 时,氧气浓度将降至 9%,人会处于昏迷状态,甚至窒息死亡。为避免发生窒息事故,应禁止人员进入井下通风不良的区域。

瓦斯能燃烧,能爆炸。井下一旦发生瓦斯爆炸,产生高温、高压和大量有害气体(一氧化碳、二氧化碳等),并形成破坏力很强的冲击波,不仅伤害职工生命,而且严重地摧毁矿井巷道和设备,甚至造成矿毁人亡。瓦斯爆炸就其本质来说,是一定浓度的甲烷和空气中的氧气在一定温度作用下产生的激烈氧化反应。瓦斯爆炸产生的高温高压,促使爆源附近的气体以极大的速度向外冲击,造成人员伤亡,破坏巷道和器材设施,扬起大量煤尘并使之参与爆炸,产生更大的破坏力。另外,爆炸后生成大量的有害气体,造成人员中毒死亡。当听到或看到瓦斯爆炸时,应面背爆炸地点迅速卧倒,如眼前有水,应俯卧或侧卧于水中,并用湿毛巾捂住鼻口。距爆炸中心近的作业人员,在采取上述自救措施后,迅速撤离现场,防止二次爆炸的发生。

煤与瓦斯突出是煤矿又一严重灾害。它能使工作面或巷道充满瓦斯,造成窒息和爆炸条件;能破坏通风系统,造成风流紊乱或短时逆转;突出的煤、岩能堵塞巷道,破坏支架、设施和设备。瓦斯突出是一个灾害的专用术语,是指随着煤矿开采深度的增加、瓦斯含量的增加,在煤层中形成了在地应力作用下,瓦斯释放的引力作用下,使软弱煤层突破抵抗线,瞬间释放大量瓦斯和煤而造成的一种地质灾害。

石油开采技术

工业的血液——石油

石油又称原油,是从地下深处开采的棕黑色可燃黏稠液体。石油在20世纪世界工业化进程中起着极其重要的作用,它不仅在能源、交通方面支撑着工业化的进行,在化工等各个方面也起着举足轻重的作用,因此被称为"工业的血液"。

我们日常生活中到处都可以见到石油或其附属品的身影,比如汽油、柴油、煤油、润滑油、沥青、塑料、纤维等,这些都是从石油中提炼出来的。我们日常所用的天然气(液化气)是从专门的气田中产出的,通过输气管道和气站再送到各家各户。

目前就石油的成因有两种说法：无机论者认为石油是在基性岩浆中形成的；有机论者则认为各种有机物如动物、植物，特别是低等的动植物（像藻类、细菌、蚌壳、鱼类等）死后埋藏在不断下沉缺氧的海湾、潟湖、三角洲、湖泊等地，经过许多物理化学作用逐渐形成石油。

石油是由碳氢化合物为主混合而成的，具有特殊气味的、有色的可燃性油质液体。天然气是由以气态的碳氢化合物为主的各种气体组成的，具有特殊气味的、无色的易燃性混合气体。

油气田的开发设计

油气田开发是一项庞大而复杂的系统工程，因此在油气田投入正式开发之前，必须编制油气田开发设计方案，作为油气田开发工作的指导性文件，使油气田经济、高效地投入开发。油气田开发设计指的是在油气田的含油面积内，按照一定的开发网、开发程序、开采方法，将石油、天然气采出地面全过程的工程总体方案。其主要内容包括：划分开发层系，确定油层的开发组合和开发顺序；选择合理的开采方式；确定生产井和注入井（当需要注入时）；确定合理的井身结构、井底完成方式、编制射孔方案；测算油井、水井的配产、配注及全油田年产油量、注水量，预测油田开发动态，提出稳产年限的做法和要求；编制油田地面建设方案（集输和计量的流程和设施等）。

油气田的开发方案是在大量的地质研究、油层物理、地下水力学、油藏开发动态的数值模拟、钻井工程、采油工程。石油工业经济等综合分析的基础上作出的，大的油田还需要开辟生产实验区，以便在投入大规模开发前取得经验。即使这样，新编制的方案仍应留有应变的余地，以便在开发的过程中，作适当的调整与补充。

试油

试油工作是油田勘探开发过程中保证油、水井正常生产的技术手段之一，它是利用一套专门的设备和方法，对通过钻井取芯、测井等间接手段初步确定的油、气、水层进行直接测试，并取得目的层的产油能力、压力、温度和油、气、水性质等资料的工艺过程。

试油的主要目的在于确定所试层位有无工业性油气流，并取得代表它原始面貌的数据,但在油田勘探的不同阶段,试油有着不同的目的和任务。概括起来,主要有以下四点:一是探明新地区(新构造)是否有工业性油气流;二是查明油田的含油气面积,油气水边界及油气藏的产油能力;三是验证对地下产油气能力的认识和测井资料解释的准确程度;四是通过分层试油,取得有关分层压力及初产能力等资料,为油气田储量计算和合理开发提供可行依据。

试油的一般工序:一口井完钻后即移交试油,试油队接到试油方案,首先必须做好井况调查,待立井架、穿大绳、接管线、排放丈量油管等准备工作之后,就可以开始施工。对于一般常规试油,比较完整的试油工序包括通井、压井(洗井)、射孔、下管柱、替喷、诱喷排液、求产、测压、封闭上返等。当一口井经诱喷排液仍未见到油气流或产能较低时,一般还需要采取酸化、压裂等增产措施。

油层压力

油层压力是指油层内流体压力。它可以从测定单位面积内流体对油井穿过的油层断面上所加的力来计算。油层压力主要来源是测压点上方的水柱质量。此外,油层上覆岩层、黏土的半渗透薄膜作用、油层温度变化、次生沉淀、地震、气圈和水圈的大变动等都能引起油层压力的变化。油层压力是驱使油层流体流动和喷出的动力。在油田开发过程中,油层压力的变化直接影响到产量,因此要采取各种措施,如注水、注气等,来保持油层压力,以提高采取率。油层压力,一般以液柱上升高度来表示,其公式为 $P=HC/10$。P 为油层压力(大气压),H 为液柱上升的高度,C 为液体密度。

油层压力一般用井底压力计,下入油层中部测得。不能自喷的油井,也可用测量井中液体上升的方法(每隔一定的时间,测一次液面高度)绘出曲线图,计算求得。油层压力在采油前后是变化的,因此又分为油层原始压力、油层静止压力、油层饱和压力、油层流动压力。

油藏驱动

油藏驱动亦称油层驱动。在油层开发中驱使石油流入井底的力量,即为排油的动力。可以驱油的动力有岩石的弹性、油气水的弹性、水压头、溶解气的膨胀和油的重力。在开发过程中根据起作用的主要动力,油层驱动可分为弹性驱动、水压驱动、气压驱动、溶解气驱动、重力驱动及混合驱动。

弹性驱动,排油的主要动力是打开油层后地层压力下降所引起的边水的弹性膨胀,其次是储油岩石和油藏中油的弹性膨胀。

水压驱动,排油的主要动力是边水和底水的压力。造成这种驱动的条件是水源补给充沛,油层的连通性和渗透性良好。

气压驱动,依靠气顶压力排油的驱动。在有气顶存在的油气藏内,气顶中游离的天然气在地层压力下呈压缩状态。当油藏钻开时,井底压力降低,气顶发生膨胀,气、油接触面被排挤到井底。在开采气藏时,靠气体压力将天然气排向井底,称为气压驱动,而不叫气顶驱动。

溶解气驱动,靠油中溶解气的弹性膨胀力排油的驱动。在油藏中,天然气全部或大部分溶解于石油里。当钻开石油开采时,油层压力降低,井底附近的溶解气便成为分散的微小气泡从石油中逸出,并随压力降低而逐渐增加其体积,依靠此种气体的弹性膨胀能力排挤和携带石油流向井底。

重力驱动,油层中石油仅靠自身的重力沿着油层倾向下移而流向井底的驱动。含油构造被破坏或石油已经大量采出而接近枯竭的油田中,地层压力、溶解气等能量都已被消耗。这时石油重力驱动就成了仅有的动力。重力驱动,只有当油层渗透较好,石油黏度较低,油层倾斜较陡时,才起明显作用。

混合驱动,亦称联合驱动。一般在油藏或气藏中只有一种驱动的情况较少,多数都是两种或多种方式联合作用驱动油、气。

分层配产配注

由于油层各层系的不均质性,只能采取分层配产配注。根据油层物性、原油物性及开采现状等情况,通过一定的理论计算,分别制定出各个油层的采油量和注水(气)量,这些工作称为分层配产配注。这是提高注水开发油田采收率和实现高产、稳产的措施。

分层配产配注是通过安装井下封隔器,并调整油层及井下油嘴和水嘴的大小来进行的。在注水压力相同的条件下,根据油井分层生产油量及压力消耗需要情况进行分层配水,以求井组和分层注采平衡及水线均匀向前推进,尽可能避免水串、水淹、产生死油区和层间干扰,以提高油田采收率和实现油田较长时期的高产、稳产。

采收率

在现代技术和经济条件下可能采到地面的石油数量占油藏中原始石油地质储量的百分率,称为采收率。其数值总是小于100%。采收率的高低既与油田的构造形态、油层纵横向上的连通性和均一性、油层的渗透率、油层中流体的性质、油藏的驱动方式等地质因素有关,也和井网布置、产量分配、开采速度是否合理,是否采用注水、注气等人为影响油层的措施,以及各油井的开采工艺水平等人为因素有关。目前,各种油藏的石油采收率变化范围,大致是从溶解气驱动油藏的15%到水压驱动(或者注水开发)油藏的80%。如何在保持一定产量的情况下提高采收率,始终是油田开发中最关键的问题。就平均水平来说,世界上的石油采收率还是很低的(美国曾作过统计,其平均值大约为34.2%),因此各国竞相研究提高采收率的措施。边缘注水、顶部注气、切割注水、面积注水、面积注气等开发方法(二次采油法),就是在这种形势下发展起来的,有些已经不是二次采油而是从一开始就付诸实施。近年来,国外大力开展对三次采油法的研究,以期把采收率提高到更高的水平。

二次采油

通常把利用油层能量开采石油称为一次采油;向油层注入水、气,给油层补充能量开采石油称为二次采油。二次采油是在依靠天然能量开发已经接近枯竭的油田所采取的强化开发措施,目的是提高产量和石油采收率。

(1)注水。注水是指为提高油田采收率和达到稳产、高产的目的,由地面通过注水井,将经过净化的水注入油层中,以补充和保持能量的措施。注水方式一般有边外注水或边缘注水、内部切割注水、轴线注水、面积注水等。注水的水质、含铁量及机械杂质要合乎要求,要有一定的化学稳定性、良好的清洗能力和腐蚀力小等特点。我国油田多采用注水开采方式。

(2)注气。注气是指为提高油田采收率,将气体(天然气或空气)通过注水井注入油层中,以补充和保持油层能量的措施。常用的方法有顶部注气和面积注气两种。注气法的发展趋势是注入湿气、液化气和二氧化碳气,以便在增加驱油动力的同时,造成混相驱动或改善油的流动性能,提高采收率。

随着科学技术的发展,很多油田从开始开发或者开发早期,就采用了注水、注气等二次采油法进行油田开采。

三次采油

三次采油是用化学物质来改善油、气、水及岩石相互之间的性能,开采出更多石油的方法,又称提高采收率方法。提高石油采收率的方法很多,主要有注表面活性剂、注聚合物稠化水、注碱水驱、注 CO_2 驱、注碱加聚合物驱、注惰性气体驱、注烃类混相驱、火烧油层、注蒸汽驱等。用微生物方法提高采收率也可归属三次采油,也有人称之为四次采油。

(1) 表面活性剂法。此法是在驱动水中加入表面活性剂,减小油水间的界面张力,使残留油乳化并随注入水流动,但是实践结果不佳。为提高其效率,有人发明了一种乳化液,其黏度等于或大于石油,在地下与油混溶并形成段塞,后面用聚合物稠化水推动,稠化水之后为普通水。

(2) 溶剂驱动法。此法是往油层注入液化石油气(丙烷或乙烷)形成段塞,用以溶解残留石油,改善它们的流动能力,后面用水或天然气作为驱动剂,通过注水和注入甲烷,使段塞不断扩张,清洗残留石油。也有用 CO_2 代替液化气作为溶剂的。

(3) 注入蒸汽法。此法包括持续注蒸汽、周期性蒸汽浸泡、周期性注蒸汽(蒸汽吞吐)、注热水等法。它可以降低黏度,降低残留油饱和度、热膨胀,改善流度比,提高波及系数,以及可能的水蒸气对石油的蒸馏作用。这种方法是目前最成功的三次采油法。

(4) 火烧油层。此法又称地下燃烧或就地燃烧。具体方法是在井下油层部位点火,油层燃烧发生复杂的物理和化学作用,轻烃成分受热挥发并被排驱到燃烧带以外,冷凝下来形成轻油带,起着溶剂驱的溶剂段塞作用。原油受热黏度降低,易于流动。燃烧产生的水蒸气、热水和 CO_2 都对油的采出有利。实验表明,火烧油层可使采收率提高到 90% 以上。

自喷采矿法

当油藏压力高于井内流体柱的压力,油藏中的石油通过油管和采油树自行举升至井外的采油方法,称为自喷采油。石油中大量的伴生天然气能降低井内流体的比重,降低流体柱压力,使油井更易自喷。油层压力和气油比(中国石油矿场习称油气比)是油井自喷能力的两个主要指标。

油、气同时在井内沿油管向上流动,其能量主要消耗于重力和摩擦力。在一定的油层压力和油气比的条件下,每口井中的油管尺寸和深度不变时,有一个充分利用能量的最优流速范围,即最优日产量范围。必须选用合理的油管尺寸,调节井口节流器(常称油嘴)的大小,使自喷井的产量与油层的供油能力相匹配,以保证自喷井在最优产量范围内生产。

为使井口密封并便于修井和更换损坏的部件,自喷井井口装有专门的采油装置,称采油树。自喷井的井身结构见图。自喷井管理方便,生产能力

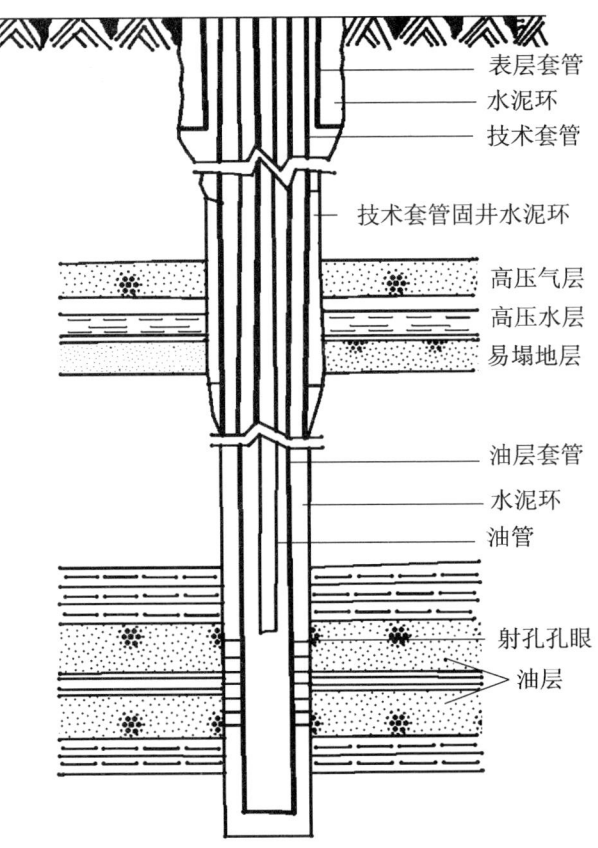

自喷井井身结构示意图

高,耗费小,是一种比较理想的采油方法。很多油田都采取早期注水、注气保持油藏压力的措施,延长油井的自喷期。

气举采矿法

当地层供给的能量不足以把原油从井底举升到地面时,油井就停止自喷。为了使油井继续出油,需要人为地把气体(天然气)压入井底,使原油喷出地面,这种采油方法称为气举采油。气举采油是机械采油法中对油井生产条件适应性较强的一种。海上采油、探井、斜井、含砂、气较多和含有腐蚀性成分而不宜采用其他机械采油方式的油井,都可采用气举采油。气举采油时必须有足够的气源,一般为气井和油井产出的天然气。气举采油的优点是井口、井下设备较简单,管理调节较方便。缺点是由于气举需要压缩机组和地面高压气管线,地面设备系统复杂,一次性投资较大,而且气体能量的利用率较低,特别受气源的限制,目前国内油田一般很少采用。但随着气举技术的发展及配套工艺的完善,在高气油比、高产量的深井、海上油井、复杂结构井的生产中,气举方式以其独具的特点和优势仍具有良好的应用前景。

气举采油是依靠从地面注入井内的高压气体与油层产出流体在井筒的混合,降低井筒内流体的密度及其静水柱压力,从而降低井底流压,使油流入井筒并将流入到井筒内的原油举升到地面。气举按注气方式可分为连续气举和间歇气举两类。

油气增产技术

为实现油气田开发目标,在开发过程中往往需要采取一系列增产增注措施来提高油气井产量及保证注入井达到注入量要求。特别是在低渗透砂岩和灰岩油藏的开发中,水力压裂和酸处理则是油气田开发的基本措施。

根据低渗透油藏的特点,在开发建设中既要采用必需的先进实用工艺技术,努力提高产量,又要注意简化流程、减少投资、降低成本,这样才能同时取得较好的开发效果和经济效益。基于此,开采中选用的主要工程技术措施是压裂,以及在此基础上发展的酸压等技术。

水力压裂是油气井增产、水井增注的一项重要技术措施,主要工作对象是低渗透油气藏。

酸处理技术是油气井增产、水井增注的又一项技术措施，其工作原理是通过酸液对岩石胶结物或地层孔隙、裂隙内堵塞物（黏土、钻井泥浆、完井液）等的溶解和溶蚀作用，恢复或提高地层孔隙和裂缝的渗透性。

油气井增产的其他技术方法有高能气体压裂、水力解堵技术、电脉冲井底处理技术、超声波进底处理技术、人工地震增产技术、微生物增产技术。

注水工艺技术

注水工艺技术是在油田开发过程中，通过专门的注入井将水注入油藏，保持或恢复油层压力，使油藏有很强的驱动力，以提高油藏的开采速度和采收率。注水方式一般有边外或边缘注水、内部切割注水、面积注水等（如图）。

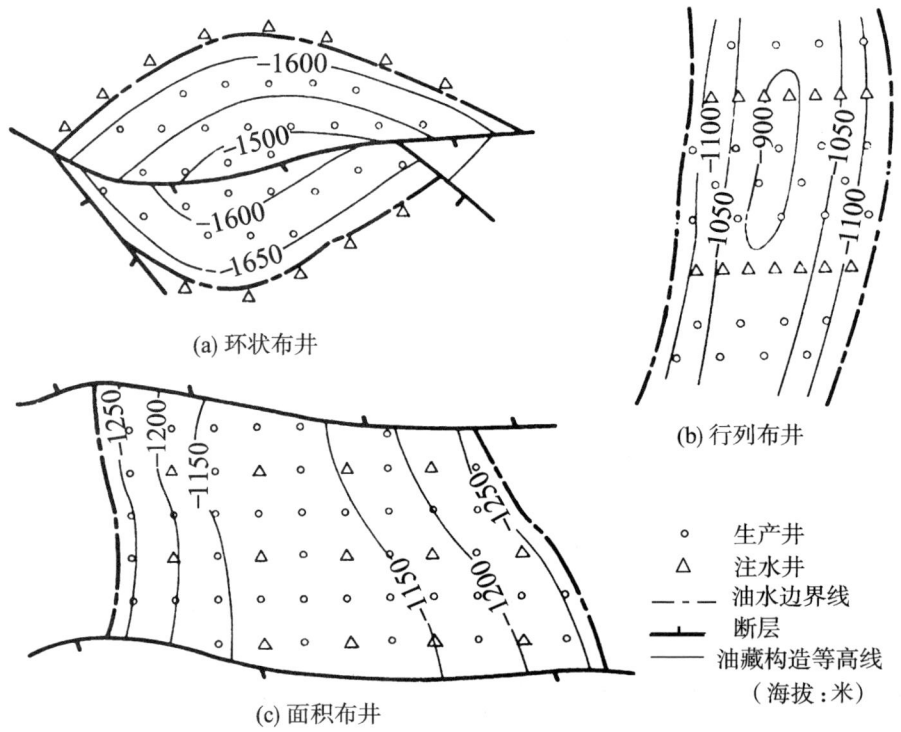

注水开采示意图

我国于20世纪50年代在玉门老君庙油田首先采用注水方法开采。20世纪60年代初大庆油田的开发采用了早期、内部、分层注水保持油层压力的开采方法,取得了很好的开发效果。20世纪80年代初,我国90%以上的原油产自注水开发的油田。

注气工艺技术

为提高油田采收率,将气体通过注入井注入油层中,以补充和保持油层能量的措施,称为注气工艺技术。常用的方法有顶部注气和面积注气两种。顶部注气是在油田开发期间向油层顶部注气,使油藏在开采过程中能量不断得到补充;面积注气用于油田开发末期,目的在于采出近于枯竭油田中的残存油。面积注气井的布置与面积注水井的布置相同。

根据地质—物理特征和技术指标可以把具有难采储量的油藏划分为以下几种主要类型:低渗透油藏,高含水油藏,深层油藏,高黏油藏,气顶油藏。利用注气法开采前3类难采储量油藏是最有前景的。这3种油藏的储量占总难采储量的75%左右。开采这些储量要求更高的工艺水平,在近期可以获得回报。目前,40%以上的难采储量集中在低渗透层中,这表明首先开采这类油藏的重要性。低渗透油藏大部分原油储藏属于低黏油。注气法适用于80%的低渗透油藏,可以认为对这类油藏是有利的。

井喷及其危害

井喷是地层中流体喷出地面或流入井内其他地层的现象。

井喷产生的原因:井喷失控是钻井工程中的头等灾难性事故。钻开油气层后,如果井底压力小于地层压力,地层流体将进入井筒并推动泥浆外溢,即发生溢流。若对溢流处理不及时或措施不当将会发生井喷,严重时造成井喷失控,这是发生井喷的根本原因。

井喷产生的后果:钻开油气层发生外溢量大而无法关井,或者井控装置失灵而承压能力不够,甚至根本没有防喷器装置,或者压井措施不当等,造成井喷,一旦井喷失控,极易发生火灾,含硫油气田可能发生硫化氢泄漏。

井喷失控产生的危害主要有两种:一是井喷失控着火,造成井架等井场设施烧毁或导致人员伤亡;二是硫化氢泄漏,造成人员中毒伤亡。

井喷的致命毒气——硫化氢,为无色气体,具有臭蛋气味。硫化氢经黏膜吸收快,皮肤吸收甚慢。人吸入 70~150 毫克/米^3 硫化氢,1~2 小时出现呼吸道及眼刺激症状,2~5 分钟后嗅觉疲劳闻不到臭味;吸入 760 毫克/米^3 硫化氢,15~60 分钟发生肺水肿、支气管炎及肺炎,出现头晕、头痛、步态不稳、恶心、呕吐症状;吸入 1 000 毫克/米^3,数秒钟后出现急性中毒症状,导致呼吸加快后呼吸麻痹而立刻死亡。硫化氢对黏膜的局部刺激作用系由接触湿润黏膜后分解形成的硫化钠及本身的酸性所引起。由于中枢神经对缺氧最敏感,因而首先受到损害。

压井的目的和方法

压井就是指利用泥浆的重量所形成的液柱压力克服井下地层压力的技术措施。压井的目的:一是把已经发生井喷的油气井压住,把井喷损失控制在最小范围内;二是把井下油层压住,使其在射孔或作业时不发生井喷,保证试油和作业安全顺利地进行,同时又要保证施工后油层不因为压井而受到污染损害。压井时若压井液密度过大,或压井液大量漏入油层,少则影响油层的正常生产,延长排液时间,严重者会把油层堵死,致使油层不出油。如果压井液选择的密度过低,则不能把油层压住,在施工中会造成井喷。因此,施工中应当注意合理选择压井液的密度和压井方式,使压井工作真正做到"压而不死,活而不喷,不喷不漏,保护油层"。

根据油层稳定静压值计算压井液密度,选择压井液。对新井试油作业,可按钻开油层时的泥浆密度压井。

目前,现场常用的压井方法主要有灌注法、循环法和挤压法。

可燃冰开采的利弊

"冰"怎么会"燃烧"?但在自然界中确实存在这种能够燃烧的"冰"。事实上,可燃冰是一种甲烷气体的水合物。在深海中高压低温的条件下,水分子通过氢键紧密缔合成三维网状体,能将海底沉积的古生物遗体所分解的甲烷等气体分子纳入网状体中形成水合甲烷。这些水合甲烷就像一个个淡灰色的冰球,故称可燃冰。这些冰球一旦从海底升到海面就会砰然而逝。

可燃冰最初被发现,并不是在海底。早在 20 世纪 30 年代,工程技术人员就发现,一些输气管经常会被奇怪的冰块堵塞。化学家对这些冰块进行分析后得知,这是甲烷等气体被关在冰晶体中形成的。当时,这些甲烷水合物被视为一种麻烦,而不是一种新型的能源。

直到20世纪60年代,前苏联科学家才意识到,在自然界也许存在这种水合物,并预测到它作为一种可利用的新能源的前景。1972年,在开发北极圈内的麦雅哈天然气田时,人类第一次发现了这种以矿藏形式存在的天然气水合物。之后,美国科学家在地震研究中证实,在海底600米处就存在这种水合物。

天然可燃冰埋藏于海底的岩石中,和石油、天然气相比,它不易开采和运输,世界上至今还没有完美的开采方案。科学家们认为,这种矿藏哪怕受到最小的破坏,甚至是自然的破坏,就足以导致甲烷气的大量散失。可燃冰中甲烷的总量大致是大气中甲烷数量的3 000倍。作为短期温室气体,甲烷比二氧化碳所产生的温室效应要大得多,它所产生的后果将是不堪设想的。同时,陆缘海边的可燃冰开采起来也十分困难,一旦出现井喷事故,就会造成海水汽化,发生海啸船翻。目前,可燃冰的开采方法主要有热激化法、减压法和注入剂法三种。开采的最大难点是保证井底稳定,使甲烷气不泄漏、不引发温室效应。

此外,可燃冰也可能是引起地质灾害的主要因素之一。它的存在很可能导致海床不稳定,引发大规模的海底泥流,对海底管道和通讯电缆有严重的破坏作用。另外,如果地震中海底地层断裂,游离的气体和水合甲烷分解产生的气体就会喷出海面或在海水表层及水面上形成高度集中的易燃气泡,这不仅对过往行船造成危险,也会给低空飞行的飞机带来厄运。有学者认为,近几个世纪,在百慕大三角区海域发生过的许多船只和飞机神秘失踪的事件可能与此有关。

日益增多的成果表明,由自然或人为因素所引起的温压变化,均可使水合物分解,造成海底滑坡、生物灭亡和气候变暖等环境灾害。由此可见,可燃冰作为未来新能源,也是一种危险的能源。可燃冰的开发利用就像一柄"双刃剑",需要加以小心对待。

油气集输

油气集输是将油田各油井生产的原油和油田气进行收集、处理,并分别输送至矿场油库或外输站和压气站的工艺过程。

油气收集包括集输管网设置、油井产物计量、气液分离、接转增压和油罐烃蒸气回收等,全过程密闭进行。

(1) 集输管网设置。集输管网是用钢管、管件和阀件连接油井井口至各种集输油气站的站外管网系统(见图)。管线一般敷设在地下,并经防腐蚀处理。

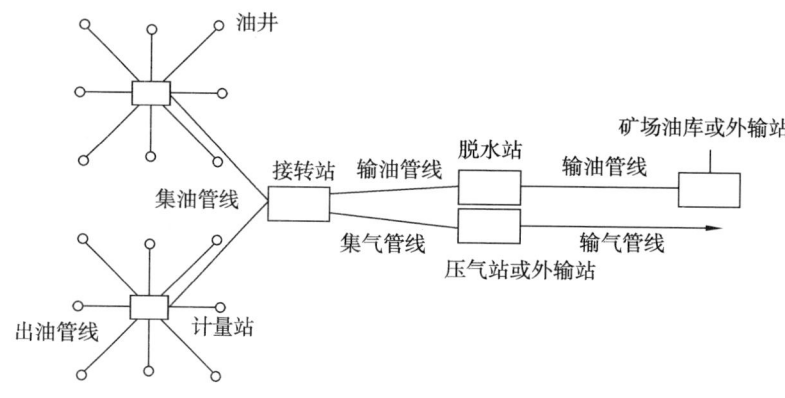

油田油气集输管网系统图

(2) 气液分离。为了满足油气处理、贮存和外输的需要,气、液混合物要进行分离。气、液分离工艺与油气组分、压力、温度有关。高压油井产物宜采用多级分离工艺,生产分离器也有两相和三相两类。因油、气、水比重不同,可采用重力、离心等方法将油、气、水分离。分离器结构型式有立式和卧式,有高、中、低不同的压力等级。分离器的型式和大小应按处理气、液量和压力大小等选定。处理量较大的分离器采用卧式结构。分离后的气、液分别进入不同的管线。

(3) 接转增压。当油井产物不能靠自身压力继续输送时,需接转增压,继续输送。一般气、液分离后分别增压:液体用油泵增压;气体用油田气压缩机增压。为保证平稳、安全运行和达到必要的工艺要求,液体增压站上必须有分离缓冲罐。

(4) 油罐烃蒸气回收。将原油罐内气相压力保持在微正压下,用真空压缩机回收罐顶排出的烃蒸气(见图)。油罐和压缩机必须配有可靠的自控仪表,确保安全运行。

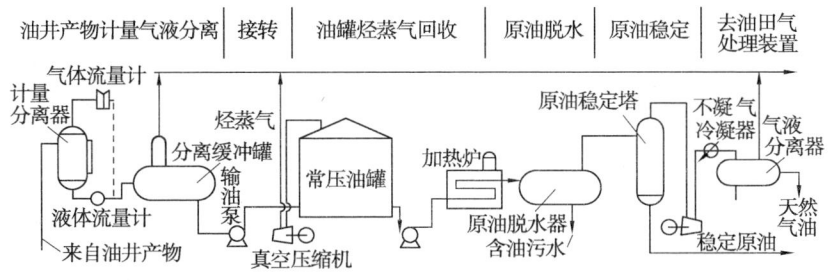

油田油气集输工艺流程示意图

(5) 油气处理。油气处理是在集中处理站、原油脱水站或压气站对原油和油田气进行处理,生产符合外输标准的油气产品的工艺过程,包括原油脱水、原油稳定、液烃回收以及油田气脱硫、脱水等工艺。

(6) 原油脱水。原油脱水工艺可以脱除原油中的游离水和乳化水,达到外输原油含水量不大于0.5%的标准。脱水方法根据原油物理性质、含水率、乳化程度、化学破乳剂性能等,通过试验确定。一般采用热化学沉降法脱除游离水和电化学法脱除乳化水的工艺。

(7) 原油稳定。原油稳定工艺用于脱除原油中溶解的甲烷、乙烷、丙烷等烃类气体组分,防止它们在挥发时带走大量液烃,从而降低原油在贮运过程中的蒸发损耗。稳定后的原油饱和蒸气压不超过最高贮存温度下当地的大气压。在稳定过程中,还可获得液化气和天然汽油。

(8) 油田气处理。油田气脱硫、脱水、液烃回收等工艺与天然气处理工艺基本相同。

(9) 油气贮输(运)。油气贮输(运)是将符合外输标准的原油贮存、计量后外输(外运)和油田气加压计量后外输的过程。

(10) 原油贮存。为了保证油田均衡、安全生产,外输站或矿场油库必须有满足一定贮存周期的油罐。贮油罐的数量和总容量应根据油田产量、工艺要求、输送特点(铁道、水道、管道运输等不同方式)确定。油罐一般为钢质立式圆筒形,有固定顶和浮顶两种型式。单座油罐容量一般为5 000~20 000米^3。油罐外壁设有保温包覆层,为减少热损失,易凝原油罐内设加热盘管,以保持罐内的原油温度;油罐上应设有消防和安全设施。

(11) 外输油气计量。外输油气计量是油田产品进行内外交接时经济核算的依据。计量要求有连续性,仪表精度高。外输原油采用高精度的流量仪表连续计量出体积流量,乘以密度,减去含水量,求出质量流量,综合计量误差为±0.35%。原油流量仪表用相应精度等级的标准体积管进行定期标定。另外也有用油罐检尺(量油)方法计算外输原油体积,再换算成原油质量流量。外输油田气的计量,一般由节流装置和差压计构成的差压流量计,并附有压力和温度补偿,求出体积流量,综合计量误差为±3%。

(12) 原油外输(运)。原油外输(运)是原油集输系统的最后一个环节。管道输送是用油泵将原油从外输站直接向外输送,具有输油成本低、密闭连续运行等优点,是最主要的原油外输方法。也有采用装铁路油罐车的运输方法,还有采用装油船(驳)的水道运输方法。用铁路油罐车或油船(驳)向外运油时,需配备相应的装油栈桥和装油码头。边远或零散的小油田也有采用油罐汽车的公路运输方法,相应地设有汽车装油站(点)。

原油输送途径

原油输送途径主要有两种:一是管道输送;二是通过铁路、公路、海运、河运等车船输送。

管道输送是国民经济综合运输的重要组成部分之一,也是衡量一个国家的能源与运输业是否发达的特征之一。管道输送相对铁路、公路、海运、河运等车船输送具有如下特点:一是运输量大,一条直径500毫米的管道,可以外输原油 $2\,000 \times 10^4$ 吨以上,约相当一条铁路的运量;二是能耗少,运费低,每吨/千米输送原油的管道能耗只相当于铁路的 $1/12 \sim 1/7$;三是易于全面实现自动化输油、输气;四是管道多埋于地下,占地少,受地形、地物限制小,宜选择短捷路径,缩短运输距离;五是安全封闭,基本上不受恶劣气候条件的影响,能够长期、稳定、安全运行;六是管道运行过程中,基本上不产生废渣、废液,管道本身不对环境造成污染。目前我国各油(气)田所产80%的原油和100%的天然气均由管道输送。

汽车油罐车年运油能力一般只有 $30 \times 10^4 \sim 50 \times 10^4$ 吨以下,适用于中、短距离运输,多数情况下是经济的,而且具有较大的灵活性。就是经济发达的国家,目前也仍保留一定数量的汽车运油量。铁路油罐车的运输能力虽然较大,但当油田产油量达到一定规模后,将使铁路运力过重,严重影响其他行业的运量时,才应着手建设输油管道,由铁路运输过渡到管道运输。

地热开采技术

地热井

开采地表以下热资源(主要为天然蒸气、热水和热卤水等)的钻探井称为地热井。所谓地热,就是能够经济地为人类所利用的地球内部的热资源。矿井向深部掘进时,总是越来越热。钻孔越深,底部的温度也越高。陆地上的平均地热梯度约25℃/千米。大地热流现象主要受地壳和上地幔中50~100千米范围内热活动的控制。根据地震资料可知,整个地幔是个固体,因此,在地幔范围内的温度上限低于物质的熔点,但在地下700千米深处接近熔点,外核物质处于流体状态,它的温度高于物质的熔点。内核的温度,一般超过地幔温度400~500℃。地心的温度不低于2 000℃,但也不超过10 000℃。关于地球内部温度推算的结果是:100千米上地幔顶部局部熔融处1 100~1 200℃;400千米处1 500℃;700千米上、下地幔界面处1 900℃;2 900千米地幔与地核分界面3 700℃;5 100千米内、外地核分界面4 300℃;6 371千米地心4 500℃。

由此可见,地球本身就是一个热源宝库,地球每年通过地表传输的总热量虽然很大,但在有限的地区内不仅很小,而且很分散。目前经济技术条件尚无法抽取和利用,因此还构不成资源。自然界有一些过程(主要指地壳内火成活动和年青的造山运动)能够使地球内热在有限的地域富集,并且达到为人类能够开发利用的程度,这种地热便构成地热资源或地热能资源。目前,地热资源有五类:以蒸气为主的地热资源,以液态水为主的地热资源,地压型地热资源,干热岩体型地热资源和岩浆型地热资源。前两类统称水热型地热资源,后两类合称干热地热资源。世界上通过地热井等方式开发的地热资源,基本上产自现代或近代火山区和年青造山区。

地热井的井口装置

地热井的井口装置主要有三种：多功能井口装置、井口隔氧装置和井口除砂装置。

（1）多功能井口装置。地热井口装置是地热井开发中最基本的井口设备，是维持地热井生产正常运行，进行热水动态监测，防止由于井管伸缩及地面下降而引起的事故，减少热水的腐蚀作用等所必需的。随着地热利用的逐步发展，地热井的井口装置逐步规范化。目前在我国天津地热开发中较普遍采用的多功能井口装置就是其中之一。

（2）井口隔氧装置。为防止地热水在井口与空气接触，减少地热水中氧气与氯离子联合作用对输水设备的腐蚀危害，在一些有腐蚀作用的地热井的装置中，安装隔氧设备，其中较为常用的一种方法是氮气保护法。

（3）井口除沙装置。有的地热井，由于地质及施工方面的因素，水中的含沙量超过国家规定的工业用水含沙量标准（含沙量应低于 $1/200$ 万），影响热水的正常使用。若含沙量高的地热水用于供暖，会造成管路系统堵塞，因此对于含沙量超过标准的地热井，应采取除沙措施。目前国内设计的旋流式除沙器，是一种较为理想的地热利用系统中的除沙设备。该设备一般安装在热水井口的出水管上。

有的地热井水在井口减压后呈气、水两态，含有大量的不凝气体，用于供热则会在供热管道中形成气阻，造成管道冲击现象，影响正常供热。对这类地热井应采用气、水分离的井口装置，将气水混合物在井口分离开来，分别送给用户。

集中供热技术

集中供热技术是地热资源开发中的节水、节能新技术。我国地热资源的开发利用，已逐步由粗放型向集约型转变。在一些开发利用比较早的地区，运用集中供热等技术，有效地利用了当地的地热资源，减少了地热资源的损失，提高了地热资源利用的社会经济效益。

地热水大多用于医疗洗浴、水产养殖和部分地热供暖。直接用于医疗、洗浴及水产养殖的地热水，应符合相应的水质标准；直接用于地热供暖的地热水，必须水质好，氯离子含量低，对设备、管道的腐蚀性小，否则会因地热水的腐蚀、结垢导致设备损坏、管道堵塞而造成很大损失。

地热水用于直接供暖，是将地热水直接送入采暖用户终端散热器进行采暖的地热水供暖方式。供暖降温后的地热水，经综合利用后排放或回灌，其优点是供暖方式简单，投资少，地热水热量利用充分。

地热梯级开发技术

地热梯级开发技术是地热资源开发中节水、节能新技术的一种。地热水资源是具有多种用途的自然资源，既可应用其蕴藏的能源，又可利用其水资源，因此开发地热资源都十分重视实行梯级开发，综合利用。天津在地热开发利用中，坚持对地热温度的梯级利用，对温度为60℃以上的地热水，先行供暖，并严格控制排放水温度；温度为40～50℃的地热水，则以理疗、浴疗为主；温度为25～40℃的地热水，按健身项目进行开发。湖北英山地热田在开发中，从地热水矿化度低、水质好、适合多种用途的实际情况出发，根据不同用途，建立干燥（孵化）—洗浴—养鱼—灌溉的梯级利用模式，保证了地热温度的有效利用。北京小汤山对水温为44℃的地热水采用下述模式进行开发：地热水抽出后，经除沙进入热交换器，首先采暖，采暖回水经管道泵循环进热交换器循环使用，地热水失热后，部分分配给养鱼池、花房等进行二次供暖，部分经处理后送至生活区供应各生活用热水点，使低温热水资源得到充分的利用。

地热水回灌技术

地热水回灌是地热资源开发中节水、节能新技术的一种。地热水回灌是减少热水资源消耗，控制热储层压力下降，提高地热资源利用率，保护环境的重要手段。目前的做法：一是对井回灌，即一个热水生产井、一个回灌井组成地热供暖系统，生产井提供地热水供暖，采暖后的回水压入回灌井回收，以减少热水资源的损失；二是同井分层抽灌，即从地热井某一储层中抽取地热水，提供利用后，再将回水回灌到同一地热井中的另一储层中；三是单井回灌，即在地热资源开发区，选择适宜地段和热储层位建立单独的地热回灌井，回收利用后的地热弃水。

其他矿产开采技术

化学采矿

化学采矿法是指用酸、碱或盐作溶剂,在细菌的参与下溶浸金属矿物,使其中的有用金属转入溶液,再进行提取。由于某些细菌能加速浸取过程,故又称细菌采矿法。我国是世界上最早应用浸取法的国家,早在一千年前,就用浸取法采铜。20世纪50年代后期至70年代,在一些矿山进行了铜的井下细菌浸取试验。欧洲于16世纪开始使用此法,1947年从矿坑水中分离出能从金属矿物浸出有用金属的细菌,1954年进行了细菌浸取试验。20世纪60年代后,美、苏和南非等国先后研究和应用浸取法开采铜、钼、锰、铀和金、银等,获得了显著效益。浸取法的设备和工艺简单、投资少、成本低,适于开采贫矿、回收废旧矿井残留矿石和处理含矿废石,可充分利用地下资源。井下就地浸取,能减轻环境污染,少占农田和改善劳动条件。

浸取法的实质是用某种化学溶剂,在细菌的参与下,把欲提取的金属变成水溶性化合物转移到溶液中,与固体脉石分离。对细菌能使浸取过程显著加速有三种解释:将元素硫氧化成硫酸,将硫酸亚铁氧化成硫酸铁,间接促进金属硫化物的溶浸;在溶浸过程中,矿石表面覆盖硫的薄膜而阻碍溶浸,噬硫杆菌能把硫氧化,破坏硫膜,使浸取得以连续进行;氧化铁硫杆菌能直接浸蚀某些金属硫化物。为了提高溶浸效率,应正确选择溶剂及其浓度,并植入适宜菌株作浸出液。开采方式分露天、矿井和钻孔浸取等。

盐类矿水溶开采技术

盐类矿水溶开采技术是通过专门装备的钻孔,将水或其他溶剂,以一定的温度和压力注入盐类矿床中,使有用矿物原地溶解,转化为溶液状态后提出地表的采矿方法。我国凿井开发地下天然卤水,已有两千多年历史。20世纪初,我国四川自贡首创钻孔注水采集卤水。当今,世界上90%以上的岩盐矿床采用钻孔水溶法开采。20世纪50年代开始,运用该法开采钾盐、天然碱等盐类矿床。根据国内外生产实践,钻孔水溶法按生产工艺可分为单井对流法、油气垫对流法和水力压裂法等。

石材荒料开采技术

饰面石材是饰用天然岩石材料的总称,分为大理石和花岗石两大类。各种大理岩、大理岩化灰岩、火山凝灰岩、致密灰岩、石灰岩、砂岩、石英岩、蛇纹岩、石膏岩和白云岩等,均可作为大理石开采;各种花岗岩、钠长岩、辉长岩、闪长岩、辉绿岩和玄武岩等,均可作为花岗石开采。石材的用途很广,主要用作高级建筑物室内外墙面、柱面和地面的饰面板材;其次,作工艺美术品、石碑、建筑条石和砌块等。

我国的石材矿山,目前都是露天开采,除少数大理石矿山采用钢索锯石机和凿岩液压劈裂法开采外,绝大多数矿山都是采用凿岩爆裂法和人工劈裂法开采。饰面石材开采的基本特点,是从矿(岩)体中最大限度地采出具有一定规格和技术要求,能加工饰面板材或工艺美术造型,完整无缺的长方体、正方体和其他形状的大块石(称为石材荒料)。荒料是石材矿山的商业产品,也是石材加工厂的原料,其最大规模取决于加工设备允许的尺寸,其最小规格应满足锯切稳定性要求。

三、矿产资源的提炼加工

选矿方法

矿产资源的综合利用

矿产资源的综合利用是指采用一定的技术工艺或方法，最充分地提取矿产中的有用组分和最大限度地利用废物（尤其是废渣、废液、废气等），以获得多种符合工业要求的产品。资源综合利用是我国社会主义建设中的一项重要经济技术政策，而矿产综合利用则是资源综合利用的重要组成部分。矿产综合利用可以变"废"为宝，化害为利，使矿产得到充分、合理的开发与利用，是矿山保护、防止环境污染、增加生产、降低成本及提高产品质量的重要途径。随着科学技术的日益发展，矿产资源的综合利用范围也不断扩大。矿产综合利用的方法和工艺是多方面的，根据矿产的具体情况而定，但主要还是通过选矿和冶金的过程来实现的。

选矿的目的和方法

选矿是根据矿石的矿物性质，主要是不同矿物的物理、化学或物理化学性质，采用不同的方法，将有用矿物与其他矿物分开，并使各种共生的有用矿物尽可能相互分离，除去或降低有害杂质，以获得冶炼或其他工业所需原料的分选过程。经过选矿，可以得到品位较高的精矿，不仅使许多贫矿或低品位矿石能够得到充分的利用，而且能大大提高有用组分的回收率，减少不必要的燃料消耗和运输、加工费用。近代的主要选矿方法有重选法、浮选法、磁选法、电选法等。通常，整个选矿过程包括破碎、磨矿、选分、产品脱水等环节。

选矿过程

选矿过程包括破碎、磨矿、选分、产品脱水等。

破碎是将大块的矿石或物料变为小块,以满足使用部门或下一工序对产品粒度要求的作业。

按所要求的颗粒大小,用不同大小筛孔的筛子,将未经加工的矿石或破碎后的产品进行分类的作业,称筛分。

磨矿是在机械设备中,借助于介质(钢球、钢棒、砾石)和矿石本身的冲击及磨剥作用,使组成矿石的有用矿物与脉石矿物达到最大限度的解离,以提供粒度上符合下一选矿工序要求的物料。磨矿可分为有介质磨矿和无介质磨矿(自磨),以及干式磨矿、湿式磨矿。

分选又称选分或选别,是用一定的选矿方法,使矿石(或经过破碎、磨矿之后的矿粒)中的有用矿物与其他矿物及不同的有用矿物彼此分离,并使之分别富集的作业。分选后的产品有精矿和尾矿,或精矿、中矿和尾矿。

重力选矿

重力选矿是指利用被分选矿物颗粒间比重、粒度、形状的差异及它们在介质(水、空气或其他比重较大的液体)中运动速率和方向的不同,使之彼此分离的选矿方法。它广泛应用于处理煤、有色金属、稀有金属、贵金属矿石,也用于对石棉、金刚石等非金属矿石的加工。重力选矿通常由淘汰选矿、流槽选矿、重介质选矿和摇床(淘汰盘)选矿等;按使用的介质,又分湿式选矿与风力(干式)选矿。

磁力选矿

磁力选矿简称磁选,是根据被分选矿物颗粒间磁性的差异及它们在磁场中所受磁力的大小,进行矿物分离。根据磁力强弱,可分为强磁选和弱磁选;根据分选时所采用的介质,又分为湿式磁选和干式磁选。只要被分离的矿物或矿物集合体具有适当的磁性差异及合适的粒度,几乎都可以用磁选进行选矿。最常用于铁磁性矿物和含铁矿物同其他矿物的分离,如稀有金属矿物、各种铁矿物、锰矿物和黑钨矿、石榴子石、黑云母、角闪石等。

电力选矿

电力选矿是利用各种被分选矿物的导电率及其在电场(静电场、火电晕电场)中荷电程度的不同,使之在电场力、机械力和重力的联合作用下而分离的选矿方法。具有不同导电率的各种矿物通过电场时,由于静电感应或俘获带电离子的作用而带有不同的电荷,并在电场中显示不同的特点;再辅以重力作用,使之产生不同的运动轨迹;然后借助接料器具,达到将不同导电性矿物分离的目的。

化学选矿

有时又称矿石的化学处理或湿法冶金,主要是通过化学作用,将矿石中的有用组分转变为易溶于水或其他溶剂内的物质,从而得以分离提取。化学选矿一般只获得半成品,即化学精矿,如金属的氧化物、氢氧化物或其他化合物,在某些情况下,也可以在浸出溶液中直接置换沉淀或电解沉淀出金属。

浮游选矿

利用各种矿物表面物理化学性质的差异,并借助选矿药剂的作用来扩大这种差异,造成各种矿物表面具有不同的润湿性,通过充气、加温、搅拌等过程,使某种或几种矿物黏附于泡沫之上而从矿浆中浮出,另一些矿物则留在矿浆中,这种选矿方法称浮游选矿,简称浮选。一般将有用矿物浮入泡沫产物中的浮选,称正浮选;将脉石矿物浮入泡沫产物而将有用矿物留在矿浆中的浮选,称反浮选。

选矿的其他方法

摩擦选矿是利用矿石中有用矿物与废石(或不同的有用矿物)对同一倾斜表面的不同摩擦系数而进行分选的一种选矿方法。例如,将石棉和蛇纹石的混合颗粒置于斜面上,石棉比蛇纹石滑得慢,因而可以达到分离的目的。

絮凝浮选法是一种处理有用矿物极其微细(一般在 20 微米以下)的矿石

的选矿方法。浮选时,在特定的介质条件下,加入一定量的高分子化合物,使有用矿物或脉石矿物进行选择性的絮凝(微细矿物颗粒受静电力、分子力或化学力的作用形成絮状小团的现象,称絮凝),然后加入捕收剂将其浮出。

黏附选矿又称油脂选矿,是利用不同矿物对黏附剂(油脂)的黏附性差异而进行分选的选矿方法。一般常用于金刚石选矿。

贵金属矿产提炼加工

金银的性质和用途

金、银的特点是具有极为良好的可锻性和延展性。金可压成 0.000 1 毫米厚的箔,这样的金箔透明,所透过的光为绿色。金、银可拉成直径为 0.001 毫米的细丝。金、银的导热、导电性能非常好。银的导电性胜过所有其他金属,金仅次于银和铜。

金、银主要是用作首饰、美术工艺、货币的原料,现在其用途深入到科技、工业和医疗等方面。黄金、白银的化学性质稳定,色彩瑰丽夺目,久藏不变,易于加工,所以自古以来就是首饰、装潢、美术工艺的理想材料。直至今天,世界各国仍有大量黄金用于珠宝业。

金、银已成为世界货币。一个国家拥有金、银的数量,是其财力的标志。

金、银用于科技、工业上为时不久。在科技、工业及其他方面用作电接触材料、电阻材料、测温材料、焊接材料、氢净化材料、厚膜浆料、催化剂、电镀。

金在宇航工业上还有特殊用途。宇航服镀上一层 2×10^{-4} 毫米厚的黄金,就可免受辐射和太阳热。金铂合金用作化纤的喷丝头;金及其合金或化合物,广泛应用在制药、理疗、镶牙上。

银是重要的感光材料,大量的银及银盐用于电影制片和医疗、科技、出版、民用摄影等方面。

金、银矿物资源的形成

金来源于不同成矿作用方式形成的金矿床中。金矿按成因可分为岩浆热液型、变质热液型、沉积型金矿等,金呈自然金或赋存在黄铁矿、石英脉中产出。

银很少有单一的矿床,主要从处理有色金属复合矿中获得。它的主要原料是铅—锌矿,其次为铜矿和铜—镍矿。此外,在采金时也可得到少量银。

从矿石中提取金、银的工艺流程

从矿物原料中提取金、银的工艺流程多种多样的,选用何种流程取决于以下因素:金的粒度及赋存形式;矿石的物质组成;与金结合的矿物(一般是石英和硫化物)特征,如氧化程度、泥质等;矿石中其他有价成分;使处理工艺复杂化的组成(如碳、砷、锑等)。

从矿物中提金的过程有三大工序:矿石准备(破碎磨矿)、选矿(重选、浮选等)和冶金(混汞、氰化、焙烧、熔炼等)。

金、银的生产方法有两大类:一类是从矿石中直接回收金银;另一类是从有色金属生产中综合回收金、银。

从砂金中提取金、银,一般用重力选矿法,即可把金富集,然后提炼;从岩金矿中提取金、银,一般都要经过选矿流程,最后用混汞、氰化等方法提取。

有色金属(如铜、铅)生产中,矿石中的金、银富集于电解精炼的阳极泥中,然后从阳极泥中提取金、银。湿法炼锌时,银主要进入浸出渣或铅渣,用浮选法从浸出渣中回收银精矿,铅渣和银精矿送铅冶炼或单独提取银。

氰化物法提取金

从矿石中溶金,有氯化、氰化、含硫化合物溶解等多种方法。氰化物"溶金"技术是国内外提金的主要技术,我国60%以上的金用氰化法生产。

金很难溶于单一的硝酸、硫酸、盐酸等强酸,却易溶于一个很弱的氰氢酸的钾钠盐中。

氰化法处理不同品位的金矿石或浮选金精矿,主要采用渗滤、槽浸或堆浸。"全泥氰化法"直接处理矿石,即在磨矿时加入氰化剂、pH调整剂,然后在浸出槽中搅拌鼓气浸出。一般采用多槽串联阶梯配置,矿浆顺流经过每个浸出槽保证预定的浸出时间。为了调高浸出效率,现普遍使用反复多段浸出,浸出后矿浆用浓缩、倾析、过滤等方法固液分离,并仔细洗涤回收贵液。

堆浸物过滤氰化工艺是20世纪60年代发展的技术,其工艺简单、成本低、见效快,对矿石品位、性质及矿床规模适应性强。将含金量小于2×10^{-6}

的低品位矿石和石灰混合，均匀堆置于预先处理后不渗漏的底垫上，矿石量可达数百吨至数十万吨规模。氰化液组成与槽浸类似，但需均匀地喷淋在矿堆顶部，喷淋中同时增氧。浸出液均匀顺利地渗透通过矿层溶解金银，防止"短路"。贵液最后流入沉淀池，上清液送去提金，贫液补充氰化剂后返回喷淋。

非氰浸金技术

氰化物剧毒，很难溶解某些"难处理金矿石"。长期以来人们一直在研究和探寻更安全有效的溶金新试剂，先后发现硫脲、硫代硫酸盐、硫氰酸盐、腐植酸盐、氯硫化物（如 S_2Cl_2、SCl_2）、丙二腈、多硫化物、石硫合剂、含卤素（氯、溴）溶液等很多无机和有机试剂（多数为含硫试剂），都能以不同的反应机理在不同的条件下溶解黄金，但至今只有硫脲法前景看好。

混汞法提金

混汞法是一种古老的提金方法，已有两千多年的历史。

混汞是把汞与矿浆混合，汞对金、银微粒的湿润，是在水介质中进行的。汞与水不互溶，所以混汞体系中，有水、汞两个液相和金（银）一个固相。混汞时得到的汞膏都含有金、银。汞湿润金、银粒表面后，向其内部扩散形成合金。用混汞法产出的金汞膏易与矿浆中其他金属化合物和脉石分离，因而达到富集贵金属的目的。

炭浆法提金

传统的氰化法，存在的主要问题是，液固分离需设置庞大的逆流倾析、过滤系统，占地大，投资和生产费用高，而且泥质金矿难以处理。为了解决这一问题，炭浆法应运而生。炭浆法只保留了浸取这一主体工序，取消了液固分离和加锌沉淀这两个后续工序，代之以炭吸附、解吸和电解，因而从根本上解决了传统氰化法存在的问题。随着炭浆法的发展，又演化出炭浸法。它们已成为当今全泥氰化法提金中最有生命力的新工艺。

将有机物质，如树木、果壳、果核、糖以及褐煤、烟煤、无烟煤等，在 CO、CO_2、H_2O 的气氛下（隔绝空气）加热到 800～900℃，进行活化，即得到活性炭。活性炭从金氯络合物（$AuCl_4^-$）溶液中吸附金后，可明显地看到炭表面有黄色金属金。

现代堆浸所得的含金氰化物溶液均采用活性炭吸附，有的渗滤浸取也用活性炭吸附。活性炭对金的选择性吸附性能好，因此可以从如此贫而复杂的溶液中，相当彻底地吸附金。

吸附过程在装有活性炭的吸附塔（槽）中进行。按溶液走向分有两种方法：一种是使含金氰化溶液自上而下渗透，通过固定的活性炭层；另一种是含金氰化溶液依靠泵的压力，以一定的速度由下而上通过炭层，并使炭层处于沸腾状态，或使炭在溶液中呈悬浮状态。

树脂矿浆法提金

应用离子交换树脂作为吸附剂，从氰化矿浆中吸附金的方法，称树脂矿浆法。

磨细的矿石以含固体40％～50％的矿浆进入吸附浸出，先到筛析工序除去木屑，从第一个吸附浸出槽产出的载金树脂在筛上与矿浆分离，同时用水洗涤。

再生的主要工序：洗涤除泥和木屑；用浓氰化钠溶液洗铜、铁，在铜、铁积累到严重降低树脂对金的操作容量时才进行氰化处理；水洗氰化物，此工序是机械除去上道工序留在树脂中的氰化物溶液，洗至排出的水中游离氰化钠消失为止；酸处理解析锌、钴和破坏 CN^-；硫脲解析金、银，用酸性硫脲溶液作为洗脱液，是最有效的金、银解析剂；水洗硫脲，除去树脂相中不溶的化合物；水洗除碱。

树脂矿浆法的吸附（离子交换）速度比炭浆法快，载金能力也强。载金树脂在常温下即可解吸，树脂较易产生，树脂对 CN^- 的吸附容量大，因而污水易处理，树脂矿浆可以处理含碳的金矿。

金银的提炼

金、银精矿和有色金属冶炼副产的金银原料（阳极泥），经上述各法制成的粗金属或金银合金，需进一步分离和提纯。金与银分离提纯的方法，通常有火法、化学法和电解法。化学法又包括硝酸分离法、硫酸分离法和氯化法,硝酸、硫酸法属湿法,氯化法属干法。

（1）金银的火法精炼:此法在古代曾被广泛采用过,现代很少采用,被电解精炼法所取代。

（2）氯化法精炼:氯化法精炼是在金熔化状态下通氯气,使重金属杂质及银生成氯化物浮在熔融状态金的表面而被除去。

（3）金银的化学法精炼:

① 硫酸浸煮法:用浓硫酸在高温下进行浸煮,使合金中的银及铜等贱金属形成硫酸盐而被除去,以达到提纯金的目的。

② 硝酸分银法:硝酸分解的速度快,溶液含银饱和浓度高,一般在自然条件下进行,通常采用1∶1的稀硝酸溶解银。

③ 王水分金法:一般用来精炼含银小于8%的粗金。在此过程中,金进入溶液,而银则成为AgCl沉淀而被分离出去。

贵金属二次资源的综合利用

工业及居民生活中产生的贵金属废品或废料,主要是工业领域产生的废件废料。从品种和状态分,有废旧纯金属或合金材料,有失效或被污染的化合物或化学制品,有生产过程产生的中间产品、边角废料、废液、废渣。

许多贵金属二次资源的分离精炼过程需在溶液中完成,低品位二次资源首先需选择性浸出溶解贵金属或预富集后提取贵金属精矿再溶解为贵金属溶液,高品位二次资源则须首先使贵金属有效溶解。二次资源的再生工艺和处理矿产资源的富集、分离、精炼等技术基本相同。

金的再生回收技术较简单,根据废料的物理形态及含金量决定再生方法。废旧首饰、金基合金等高品位废料一般用王水溶解后直接分离和精炼,或熔铸为阳极进行电解精炼。金—银合金废料先用硝酸溶解银后获得粗金粉再精炼。低品位且成分复杂的含金废料,先和铅一起熔炼富集为贵铅,贵铅氧化灰吹除铅后再用化学法精炼或熔铸为阳极板进行电解精炼。仅表面镀、涂或机械复合一薄层金的低品位废料,多用选择性溶金法处理,尽量保存基体材料复用,溶剂常用王水、氰化钠溶液、硫脲、碘或溴的化合物等。也可用化学或物理法剥离较厚的金层,如氢氟酸和硝酸混酸浸泡硅质含金废料,加热—急冷处理镀金废晶体管等,剥离的金层再溶解精炼。

金电镀产生的酸性废液一般含金 4~12 克/升,还含氰化物、银、镉、镍、钴等金属,可用负电性金属置换硫化钠、亚硫酸盐、草酸、甲酸、硼氢化钠等进行还原沉淀,再从沉淀富集物中精炼成纯金。

有色金属冶炼工艺

有色金属的分类

元素周期表已发现的 112 种元素中,金属和半金属占 96 种,除铁、铬和锰以外尚有 27 种放射性金属。所有人造放射性元素无实际应用价值,除 U、Th 外的天然放射性元素也因量小(包括稀有元素)不具实际应用价值而未列入有色金属行列。我国将 64 种有色金属分成 5 类。有色金属大体上可以分成重有色金属、轻金属、贵金属、稀有金属和半金属等五类。

(1) 重有色金属:简称重金属,包括铜、铅、锌、镍、钴、锡、锑、汞、镉和铋 10 种金属。锑有时被划归半金属类。这类金属的共同特点是密度较大,其密度都在 6 克/厘米^3 以上。

(2) 轻金属:包括铝、镁、钙、锶、钡、钾和钠 7 种金属。这类金属的共同特点是密度较小,其密度都在 4 克/厘米^3 以下,化学性质活泼,易和氧、卤素和水等作用。

(3) 贵金属:包括金、银和铂族金属中的铂、钯、锇、铱、铑和钌 8 种金属。这类金属的共同特点是化学性质稳定,密度大(10~22 克/厘米^3),熔点较高(1 189~3 273K)。有的将贵金属列入稀有金属范围。

(4) 稀有金属:这个名称并不全是由于它们在地壳中丰度低的原因,而是某些稀有金属在地壳中的储存状态比较分散或发现比较晚或制取较困难,因而其生产和应用都较晚,在历史上给人以稀有的概念,遂被称为稀有金属而沿用至今。稀有金属根据其物理化学性质或在矿物中的共生情况,又分为四类。

① 稀有轻金属:包括锂、铷、铯和铍共 4 种金属。共同特点是密度小(在 0.53~1.859 克/厘米^3),化学活动性强,氧化物和氯化物都很稳定,难以还原成金属,一般都用熔盐电解法和金属热还原法制取。

② 稀有高熔点金属：包括钛、锆、钒、铌、钨、钼和铼9种金属。其共同的特点是熔点高、耐蚀性好，具有多种化合价，它们的碳、氮、硼、硅化合物熔点也很高，硬度大。生产工艺上一般都是先制取纯氧化物或卤化物，再用金属热还原法或熔盐电解法制取。钛的密度小，因而也有人将它划归稀散金属类。

③ 稀土金属：包括镧系元素镧、铈、镨、钕、钷、钐、铕、钆、铽、镝、钬、铒、铥、镱、镥、钇等金属。其共同特点是最外两层电子结构相同，因它们的物理化学性质非常相似，在矿物中共生，分离困难。

④ 稀散金属：包括镓、铟、铊、锗、硒、碲和铼7种，其共同特点是极少有独立矿物，一般都是以类质同象形态存在于其金属的矿物中。锗、硒和碲具有典型的半金属性质，因此也有把它们归入半金属类。

(5) 半金属：又称似金属或类金属，它包括硅、锗、硒、碲、砷、锑、硼、碳和砹共9种。其特点是都具有一种或几种同质异构体，其中一些具有金属性质，一些具非金属性质。半金属大都是半导体材料。

有色金属的发展历史

金属的使用同人类文明紧密联系在一起。金属工具的制造、使用和金属的冶炼，是人类从蒙昧到文明的转折标志之一。新石器时期的制陶技术，促进了冶金技术的产生和发展，冶金技术的发展则提供了用青铜、铁等金属及各种合金材料制造生产工具、生活工具和武器，从而提高了社会生产力，推动了社会的进步。因此，历史学家常用器物的材质来标志历史时期，如石器时代、青铜时代、铁器时代等。

历史上冶金技术进展相当缓慢。从开始冶炼铜到16世纪，人类从事冶金活动已有5 000多年，可是能够炼制的金属只有钢铁、铜、铅等七八种金属，所使用的冶金手段也有限，基本上只有氧化法和碳还原法。16世纪以后冶金技术开始较快发展。14～17世纪欧洲进入文艺复兴时代，欧亚文化交流和贸易往来加大发展。16世纪西亚、北非炼铁技术向西欧发展，同时中国的指南针、火药、造纸、印刷术及炼锌技术等相继传入欧洲。18世纪西方产业革命大大促进了欧洲冶金技术的发展，各种有色金属相继被发现。18世纪英国采用坩埚法首次以熔炼的方法炼得钢。这些发展和后来的物理、化学的成就相结合，增进了对金属和冶金技术的认识，逐渐形成了冶金学，从而促进了近代冶金技术的发展。19世纪末电能登上冶金历史舞台,最终形成有色金属火法冶炼、湿法冶炼和电冶金的三大冶金体系。20世纪原子能的利用、航天航空工业和电子工业等的发展,进一步促进了有色金属工业的发展。目前世界上有色金属工业已达到前所未有的高水平。

人类使用金属是在新石器时代后期,此后经历了铜石并用时代、青铜时代、铁器时代等发展阶段。中国从夏代到清初的四千年间,金属使用大致可分为两个发展阶段:前一个两千年以青铜期铸造为主,发展了各种金属技术,创造了灿烂的商周青铜文化;后一个两千年是铸铁和钢的天下。大量史实表明,中国金属技术在古代和中世纪曾长期处于世界领先地位。商周是青铜器文化鼎盛时期,秦汉南北朝时期冶金技术达到高峰。在两汉时期中国先进的金属技术及其优质产品已在西方闻名遐迩。隋唐宋元朝,金属冶炼获新发展。大约从18世纪起中国金属工业和金属技术开始落后于西方,中国传统的金属工业和金属技术未能实现向现代化工业和冶金技术转化。

根据考古发现,中国几种史前有色金属出现年代如下:

  金、银、铅   公元前21～16世纪(夏代)
  锡   公元前21～11世纪(晚商)
  汞   公元前5～3世纪(战国)

此外中国是最早发明炼锌的国家,于10世纪的五代时期就已能炼锌,约在17世纪初开始大量出口锌至欧洲。西方国家发现有色金属元素始于18世纪,从1735年最先发现钴开始。

有色金属冶炼

有色金属冶炼是指从矿石、精矿、二次资源或其他物料中提取主金属伴生元素或其化合物的物理化学过程。提取方法主要有火法冶金、湿法冶金和电冶金三类。火法冶金一般是在高温条件下进行,包括焙烧、熔炼、还原、吹炼、精炼等过程;湿法冶金是在水溶液中进行,包括浸出、液固分离、溶液净化、金属提取等过程;电冶金是利用电化学反应或电热进行的冶金过程,包括水溶液电解、熔融盐电解、电解提取、电解精炼等过程。

有色金属提取冶金通常包括三个主要步骤:矿物分解和化合物制取,分解目的在于破坏矿物稳定结构,并使其中与提取的主金属和伴生金属分离,转变成氧化物、氯化物、硫酸盐,或转入锍相;主要有焙烧、造锍熔炼、浸出等方法;粗金属制取,通常采用还原熔炼以及金属热还原、碳热还原、氢还原、电解、置换等方法;金属精炼,目的在于脱除金属中的杂质,产出符合应用要求的纯金属,主要有火法精炼和电解精炼两种方法。这三个主要步骤并不是一成不变的,某些化学活性较差的金属往往将矿物分解与金属制取合在同一阶段进行,如鼓风炉还原熔炼生产粗铅就是同时完成造渣分离脉石成分和产出粗铅两个任务。

火法冶金

火法冶金是在高温下从冶金原料提取或精炼有色金属的科学和技术的总称。有色金属火法冶炼一般包括炉料准备、熔炼吹炼和精炼三大过程。过程中的产物除金属或金属化合物之外,还有炉渣、烟气和烟尘。烟气由高温的粉尘、烟雾及气体组成,通过对烟气处理和烟尘综合利用来回收其中的热量、有价组分,以及把对环境有害的气体转化为有用产品。为维持有色金属火法冶金过程中所需的温度和获得更好的冶炼效果,需通过各种途径供热,以达到火法冶金热平衡及物料平衡的目的。

火法冶金的基本条件是维持一定的高温所需的热源,除了冶金本身为放热反应外,主要靠碳质燃料燃烧供热(碳质燃料有煤、焦、天然气和石油产品)。燃料燃烧大都用空气供风,由于空气含有79%(体积)的氮气,燃料燃烧放出的热大量被氮气带走,使燃料的热效率大大降低。为了提高燃料热效率和减少烟气体积,相继出现了富氧和纯氧的熔炼工艺。为了充分利用烟气带走的热,除了设置余热锅炉生产蒸汽和发电,也用来预热空气,从而出现热风熔炼工艺。为了充分利用硫化精矿以及粉状物料大比表面积而发展各种新的冶炼工艺,如闪速、旋涡、熔池熔炼等。

参与火法冶金过程的物质有固体、气体和熔体,如固体精矿、溶剂、燃料、空气、工业氧、熔体锍、溶剂和炉渣等。火法冶金过程产物亦然,如固体的焙砂、烟尘、SO_2、CO_2、燃烧气体、熔体金属、锍和炉渣等。火法冶金过程发生的高温化学反应相当复杂,主要的反应类型有:气—固相、气—液相、固—液相、液—液相、固—固相反应,冶金,以及气—液—固三相之间的反应。火法冶金过程的工艺一般包括原料准备、焙烧、熔炼(吹炼)和精炼四大过程。

火法冶金流程中的原料准备

将精矿或矿石、熔剂和烟尘等按冶炼要求配制成具有一定化学组成和物理性质的炉料过程,为现代火法冶金流程的重要组成部分。炉料准备一般包括贮存、配料、混合、干燥、制粒、制团、焙烧和煅烧等。除焙烧和煅烧使炉料发生化学变化外,其他过程一般只发生物理变化。有的火法工艺并不要求制粒(制团)或焙烧,精矿可以直接冶炼。

冶炼厂处理多个矿山或选厂的矿石及精矿,必须进行配料,将各种精矿按一定的比例混合使用,并混合成化学成分和物理性质比较一致的原料。进厂的精矿一般含水 $8\%\sim15\%$,而炼前的炉料准备、冶炼过程及烟尘处理都要求精矿含水较低且须经过干燥处理。某些原料,作为某一冶炼过程来说,其粒度可能太细,要配入胶黏剂制粒,若其透气性不够好,必须配入胶黏剂制团。氧化物常比硫化物更易于还原,金属的硫酸盐、氯化物或氧化物更易于从原料中浸出,因而常要通过焙烧与煅烧的化学方法,将原料中的矿物转变成所需要的形式。

制团方法分热压制团和冷压制团两种。热压制团是将常温粉煤等直接与高温的焙烧矿混合,将煤加热到充分软化,并析出一定数量的胶质体后加压成形。冷压制团是在常温下将原料、煤粉、胶黏剂等经混合、碾磨、压密,最后压制成团。

焙烧是炉料准备的重要组成部分

焙烧是指在低于物料熔化温度下完成的某种化学反应的过程,为炉料准备的重要组成部分。焙烧大多为下边的熔炼或浸出等主要冶炼作业做准备。

根据工艺的目的,焙烧大致可以分为氧化焙烧、盐化焙烧、还原焙烧、挥发焙烧、烧结焙烧。

氧化焙烧使用氧化剂是物料中的金属化合物转变为氧化物的工艺过程。目的是为了获得氧化物以利下一步熔炼制取粗金属,并回收其中的热量和有价成分。氧化焙烧多用于硫化矿冶炼。有时也为了挥发除去硫化矿中的砷和锑等有害杂质，也进行氧化焙烧。

硫酸化焙烧和氯化焙烧是盐化焙烧的典型例子。其目的是在严格条件控制下使物料中的某些金属硫化物或氧化物尽可能多地转化为溶于水或稀酸的可溶盐。

熔炼

熔炼是指炉料在高温（1 300～1 600K）炉内发生一定的物理、化学变化，产出粗金属或金属富集物和炉渣的冶金过程。炉料除精矿、焙砂、烧结矿等外，有时还需添加使炉料易于熔融的熔剂，以及为进行某种反应而加入还原剂。此外，为提供必要的温度，往往需加入燃料燃烧，并送入空气或富氧空气。粗金属或金属富集物由于与熔融炉渣互溶度很小和密度的差异而分层得以分离。富集物有锍、黄渣等，它们尚需进一步吹炼或用其他方法处理才能得到金属。熔炼主要分为氧化熔炼和还原熔炼。

氧化熔炼是以氧化反应为主的熔炼过程，如硫化铜、镍矿物原料的造锍熔炼、锍的吹炼、硫化锑精矿鼓风炉熔炼等。熔炼按所用设备分为鼓风炉熔炼、反射炉熔炼、电炉熔炼；按工艺特征则分为闪速熔炼、熔池熔炼、旋涡熔炼、富氧熔炼、热风熔炼和自热熔炼等。

闪速熔炼是一种将硫化精矿（铜、镍精矿）、溶剂与氧气（或富氧空气或预热空气）一起喷入赤热的反应塔内，使炉料在飘悬状态下迅速氧化和熔化的熔炼方法。

熔池熔炼是一种将炉料直接加入鼓风翻腾的熔池中，迅速完成气、液、固相间主要反应的强化熔炼方法。该方法适用于有色金属原料熔化、硫化、氧化、还原、造锍和烟化等冶金过程。

旋涡熔炼是一种细粒炉料和粉状燃料随高速气流沿旋涡室的切线方向进入，并在旋涡室内的旋流中迅速完成主要冶金反应的熔炼方法。

还原熔炼是一种金属氧化物料在高温熔炼炉还原气氛下被还原成熔体金属的熔炼方法。

精炼

精炼是粗金属去除杂质的提纯过程。对于高熔点金属，精炼还具有致密化作用。为达到高度提纯目的，往往需要化学精炼和物理精炼，利用杂质和主金属某些化学性质的不同实现其分离。化学精炼包括氧化精炼、硫化精炼、氯化精炼和碱性精炼。

氧化精炼是利用氧化剂将粗金属中的杂质氧化造渣或氧化挥发出去的精炼方法。

硫化精炼是加入硫或硫化物以除去粗金属中杂质的火法精炼方法。

氯化精炼是通入氯气或加入氯化物使杂质形成氯化物而与主金属分离的火法精炼方法。氯化精炼在粗铅除锌，粗铝除钠、钙、氢，粗铋除锌，粗锡除铅等方面都有广泛应用。粗铅氯化精炼是往铅液中通入氯气，使铅液中的杂质进入浮渣而与铅分离。

碱性精炼是向粗金属熔体加入碱，使杂质氧化与碱结合成渣而被除去的火法精炼方法。用于粗铜除镍，粗铅除砷、锑、锡，粗锑除砷等。

物理精炼是以物理变化为主，利用它们的物理性质不同脱除杂质的方法，如精馏精炼、真空精炼、熔析精炼等。

湿法冶金

湿法冶金是利用浸出剂将矿石、精矿、焙砂及其他物料中有价金属组分溶解在溶液中或以新的固相析出，进行金属分离、富集和提取的科学技术。由于这种冶金过程大都是在水溶液中进行，故称湿法冶金。

随着矿石品位的下降和对环境保护要求的日益严格，湿法冶金在有色金属生产中的作用越来越大。湿法冶金主要包括浸出、液固分离、溶液净化、溶液中金属提取及废水处理等单元操作过程。

浸出是湿法冶金的重要手段

浸出是借助于溶剂选择性地从矿石、精矿、焙砂等固体物料中提取某些可溶性组分的湿法冶金单元过程。

根据浸出剂的不同可分为酸浸出、碱浸出和盐浸出；根据浸出化学过程分为氧化浸出和还原浸出；根据浸出方式分为堆浸、就地浸、渗滤浸、搅拌浸出、热球磨浸出、管道浸出、流态化浸出；根据浸出过程的压力可分为常压浸出和加压浸出。

酸浸出是用酸作溶剂浸出优价金属的方法。常用的酸有无机酸和有机酸，工业上采用硫酸、盐酸、硝酸、亚硫酸、氢氟酸和王水等。硫酸的沸点高，来源广，价格低，腐蚀性较弱，是使用最广泛的酸浸出剂。在有色冶金中硫酸常用于氧化铜矿的浸出、锌焙砂浸出、镍锍和硫化锌精矿的氧压浸出等。盐酸的反应能力强，能浸出多种金属、金属氧化物和某些硫化物，如用来浸出镍锍、钴渣等。

碱浸出是用碱性溶液作溶剂的浸出方法。常用的碱有氢氧化钠、碳酸钠和硫化钠。铝土矿加压碱浸出是碱浸出最重要的应用实例。碱浸出还用于浸出黑钨矿、铀矿（用 Na_2CO_3 浸出 UO_3）、硫化或氧化锑矿等。

盐浸出是以盐作溶剂浸出优质金属的过程。如硫化矿用硫酸铁浸出铜、氯化钠浸出铅、氰化钠浸出矿石中的金和银。

氧化浸出是加入氧化剂使矿石、精矿或其他固体物料中的有价组分在浸出过程中发生以氧化反应为特征的浸出方法。工业上常用的氧化剂有空气、氧、Fe^{3+}、MnO_2 和 Cl_2 等等。

还原浸出是加入还原剂使被浸出固体物料中的有价组分在浸出过程中发生以还原反应为特征的浸出方法。工业中常用的还原剂有 SO_2、$FeSO_4$ 等。

堆浸、就地浸（溶液采矿）及渗滤浸处理的对象都是比较贫的氧化矿、低品位矿和地表矿。矿石浸出之前一般不做深度加工，即使稍做加工，也只是停留在粗碎，处理的规模除渗滤外一般都比较大，有的沉出块可以达到几百万吨，浸出的速度不很快，提取率较低，但投资省，加工费用低。

常压和加压搅拌浸出（包括管道化浸出、流态化浸出和热球浸出方式），在浸出之前矿石都需要深加工。管道化浸出目前已成为处理铝土矿制取氧化铝的标准方法。

固液分离

固液分离是指将浸出液分离成液相和固相的过程，常用的固液分离方法有沉降分离和过滤两种方法，过滤通常又有离心分离和过滤分离。

沉降分离是借助于重力作用将浸出矿浆分离为含固体量较多的底流和清亮的溢流的液固分离方法，其先决条件是固相和溢流液之间存在密度差。

当处理含极细物料的矿浆时，可利用离心力代替重力以加速颗粒沉降，如用螺旋离心机来强化沉降过程;或借助化学试剂——聚凝剂(如石灰)使颗粒互相凝聚,絮凝剂可使细颗粒形成絮团来强化沉降过程。

过滤分离是利用多孔介质拦截浸出矿浆中的固体粒子,用压强差或其他外力为推动力,使液体通过微孔的液固分离方法。拦截固体粒子的介质多种多样,或为编织物,或为多孔陶瓷、多孔金属,或为纸浆及石棉等,但不论是哪种过滤介质,其孔隙通常都大于被过滤粒子的直径。

过滤器的选择,最重要的因素是滤饼的比阻、过滤物料的固体含量、滤液黏性等。常用过滤器有回转筒真空过滤机、带式过滤机、板框式过滤机等。

溶液净化的方法

溶液净化是除去溶液中杂质的湿法冶金过程。一般浸出液中除欲提取金属外,尚有金属和非金属杂质,必须先分离掉这些杂质才能最终提取目的金属。

溶液净化方法多种多样,工业上常用的有结晶、蒸馏、沉淀、置换、溶剂萃取、离子交换、电渗析和膜分离等。为获得纯净溶液,往往多种方法综合使用。

物质从溶液、熔融物或蒸气中以晶体状态析出的过程叫结晶。在湿法冶金中,结晶操作主要是从溶液中析出晶体,以制取纯净的固体产品。物质从溶液中结晶析出主要依赖于它的过饱和度,产生过饱和度的方法可分为降温、蒸发、真空和盐析结晶四种。

蒸馏是使物料的某成分蒸发再冷凝以提取或纯化物质的过程。这是一种利用液体混合物中各组合蒸气压的差异,加热混合物质至一定的温度使蒸气压大的组分蒸发,或使由矿物中还原出来的组分以气态挥发,然后使其冷凝成液体或固体的过程。

蒸馏是有色金属提取冶金的重要过程之一,常用于锌、镉、汞、硒、镓、锂、铷、铯的合金分离和精炼。蒸馏的方法很多,有简单蒸馏、真空蒸馏、分子蒸馏等。

沉淀,是使水溶液中金属离子生成难溶固体化合物从溶液中析出的过程。沉淀有水解沉淀、中和沉淀、硫化沉淀、成盐沉淀、离子浮选和共沉淀。

溶剂萃取是利用水溶液中某些金属在有机溶剂和水溶液中分配比例的

不同,当有机相和水相充分接触时,水相中某些金属会选择性地转移到有机相,金属的这种转移过程称为萃取。近年来在湿法冶金、石油、化工、环保等行业得到广泛应用。

离子交换法是使离子交换剂功能基中的阳离子或阴离子与溶液中的同性离子进行可逆交换的过程。在湿法冶金中,它常用于从水溶液提取有价金属或作为溶液净化的一种手段。

电渗析是一种以电位差为推动力,利用离子交换膜的选择透过性,从溶液中脱出或富集电解质的膜分离技术。在湿法冶金中,电渗析作为技术分离杂质或富集金属的单元技术得到广泛应用。

膜分离技术是在外加推动力下,使溶液中的溶剂或溶质选择性地通过隔膜的分离方法。

从溶液中提取金属

从溶液中提取金属,是把水溶液所含的金属物料经过金属状态的转化从溶液中析出回收单元的操作过程,是湿法冶金的重要步骤之一。从溶液中提取金属的方法分电解法和化学法两种。氰化冶金则是兼具两者的一种特殊冶金方法。

电解提取又称电解沉积,是向含金属盐的水溶液或悬浮液中通过直流电而使其中的某些金属沉积在阴极的过程。化学提取是用一种还原剂把水溶液中的金属离子还原成金属的过程。

精炼冶金是利用乙腈浸取固体物料中的金属,然后用歧化沉淀从含乙腈液中提取金属的过程。氰化冶金只试用于提取铜、银等少数几种金属。

化学提取是用还原剂把水溶液中的金属离子还原为金属态析出的提取金属的方法。工业常用的还原剂有氢气、SO_2气体、亚铁离子、铁、锌、铝、铜等金属以及草酸和联胺等。

电冶金

电冶金是以电能为能源进行提取和处理金属的工艺过程。根据电能转化形式的不同分为电化冶金和电热冶金两类。

电化冶金又称电解,是使直流电能通过电解池转化为化学能,将金属离子还原成金属的过程。根据电解液不同，电化冶金分为水溶液电解和熔盐电解；根据阳极不同又分为不溶阳极电解和可溶阳极电解，前者又称电解提取，后者又称电解精炼。

电热冶金是利用电能转变为热能在电炉内进行提取或处理金属的过程，按电能转变为热能的方法即加热的方法不同，分为电弧熔炼、电阻熔炼、感应熔炼、电子束熔炼和等离子冶金等。

电化冶金

电化冶金是利用电极反应而进行的冶炼方法，对电解质水溶液或熔盐等离子导体通以直流电，电解质便发生化学变化，在阳极（电流从电极向电解液流动）上发生氧化反应（称为阳极反应），而在阴极（电流从电解液流向电极）上则发生还原反应（即阴极反应）。以粗金属作阳极，而阳极反应又是目的金属本身的溶解反应，这一过程称为电解精炼（或可溶性阳极电解）；使用不溶性电极作阳极，对溶解于电解液中的金属离子进行还原、分解的过程，称为电解提取。

根据电解液性质不同，对水溶液进行电解，称为水溶液电解；对熔盐电解液进行电解，称为熔盐电解。

水溶液电解精炼，主要用于电极电位较正的金属，如铜、镍、钴、金、银等，电解液多为酸液；熔盐电解精炼主要用于电极电位较负的金属，如铝、镁、钛、铍、锂、铌等。电解质一般用氯化物、氟化物或氯氟化物体系。

水溶液电解是以金属的浸出液作为电解液进行电解还原，使目的金属在阴极表面上析出的冶金过程，简称电解提取或电解沉淀。水溶液电解是一种氧化—还原过程。体系接通直流电后，在阴极附近的离子或分子由于接受电子而被还原，在阳极处离子或分子产生电子而氧化。

熔盐电解是以熔融盐类为电解质进行金属提取或金属提纯的电化学冶金过程。对于那些电位比氢负得多、比氢的超电压也小、而不能从水溶液中电解析出的金属，以及用氢或碳难以还原的金属，常用熔盐电解法制取。当今已有30多种金属使用该法生产，其中包括全部碱金属和铝，大部分镁及各种稀有金属。

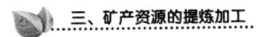

电热冶金

和一般火法冶金相比，电热冶金具有加热速度快、调温准确、温度高（可到2 000℃），可以在各种气氛、各种压力或真空中作业，金属烧损少等优点，成为冶炼普通钢、铁合金，镍、铜、锌、锡等重有色金属，钨、钼、铌、钛、锆等稀有高熔点金属，某些其他稀有金属、半导体材料等的一种主要方法。电热冶金消耗电能较多，只有在电源充足的条件下才能发挥优势。

电弧熔炼是利用电能在电极与电极或电极与被熔炼物之间产生电弧来熔炼金属的冶金过程。直接加热式电弧熔炼的电弧产生在电极棒和被熔炼的炉料之间，炉料受电弧直接加热，主要用于炼合金钢。直接加热式真空电弧熔炼炉主要用于熔炼钛、锆、钨、钼、铌等活泼和高熔点金属以及它们的合金。

电阻熔炼是在电阻炉内利用电流通过导体电阻所产生的热量来熔炼金属的冶金过程。按电热产生的方式，电阻炉分为直接加热和间接加热两种。

电阻—电弧熔炼是利用电极与炉料之间产生的电弧和电流通过炉料产生的电阻热来熔炼金属的冶金过程，是有色金属冶炼中应用广泛的一种电热冶金方法，主要用于生产铁合金、电石、铜锍、镍锍、黄磷等冶金及化工产品。

感应熔炼是利用电磁感应和电热转换所产生的热量来熔炼金属的冶金过程。感应熔炼在感应炉内进行。

电子束熔炼是利用电能产生的高速电子动能作为热源来熔炼金属的冶金过程，又称电子轰击熔炼。该法具有熔炼温度高、炉子功率和加热速度高、提纯效果好的优点，但也存在金属回收率低、比电耗大等缺点。

等离子熔炼是利用电能产生的等离子弧作为热源来熔炼金属的冶金过程。该法具有熔炼温度高、物料反应速度快的特点，常用于熔炼、精炼、重熔高熔点金属和合金。等离子体用作镍和镍钴合金进行蒸发精炼，可脱出铅、锌、锡。高熔点金属钛、铌、铬等的重熔和提纯，则采用真空等离子炉。

高纯金属制备技术

20世纪30年代便已出现"高纯物质"这一名称，但把高纯金属的研究和生产提高到重要日程，是在第二次世界大战后，首先是原子能研究需要一系列高纯金属,尔后随着半导体技术、宇航、无线电电子学等的发展,对金属纯度要求越来越高,大大促进了高纯金属生产的发展。

纯度对金属有着三方面的意义。第一,金属的一些性质和纯度关系密切。如纯铁质软,含杂质的铸铁才是坚硬的。另一方面,杂质又是非常有害的,大多数金属因含杂质而发脆。如对于半导体,极微量的杂质就会引起材料性能非常明显的变化。锗、硅含有微量的Ⅲ族和Ⅴ族元素、重金属、碱金属等有害杂质,可使半导体器件的电性能受到严重影响。第二,纯度研究有助于阐明金属材料的结构敏感性、杂质对缺陷的影响等因素,并由此为开发预先给定材料性质的新材料设计创造条件。第三,随着金属纯度的不断提高,将进一步揭示出金属的潜在性能。如普通金属铍是所有金属中最脆的金属,而在高纯时铍便出现低温塑性,超高纯时更具有高温超塑性。超高纯金属的潜在性能的发现,有可能开阔新的应用领域,在材料学方面打开新的突破口,为高技术的延伸铺平道路。

金属的纯度是相对于杂质而言的,广义上的杂质包括化学杂质(元素)和物理杂质(晶体缺陷)。生产上一般以化学杂质的含量作为评价金属纯度的标准,即以主金属减去杂质总含量的百分数表示,常用 N 代表,如 99.999 9％写为 6 N,99.999 99％写为 7 N。此外,半导体材料还用载流子浓度和低温迁移率表示纯度,金属用剩余电阻率 RRR 和纯度级 R(Rein heitgrad)表示纯度。

高纯金属制取通常分两个步骤进行,即纯化(初步提纯)和超纯化(最终提纯)。生产方法大致分为化学提纯和物理提纯两类。为获高纯金属,有效除去难以分离的杂质,往往需要将化学提纯和物理提纯配合使用。

化学提纯

化学提纯是制取高纯金属的基础。金属中的杂质主要靠化学方法清除,除直接用化学方法获得高纯金属外,常常是把被提纯金属先制成中间化合物(氧化物、卤化物等),再通过对中间化合物的蒸馏、精馏、吸附、络合、结晶、歧化、氧化、还原等方法将化合物提纯到很高纯度,然后还原成金属。如对含杂的锗、硅,选择四氯化锗、三氯氢硅、硅烷(SiH_4)作为中间化合物,经提纯后再还原成锗和硅。化学提纯方法很多,常用的列于下表:

常用化学提纯方法

沉淀	沉淀、共沉淀、均一沉淀等
金属置换	按照金属活动性顺序 K、Ca、Na、Mg、Al、Mn、Zn、Fe、Ni、Sn、Pb、(H)、Cu、Hg、Ag、Au,用前面金属把后面的金属从其盐溶液中置换出来
萃取	有机溶剂萃取、络合萃取、萃取精馏等
离子交换	用离子交换树脂、离子交换纤维、离子交换膜及沸石的交换
电化学方法	电解、控制电位电解、电渗析及电泳等
化合物提纯	化学转移反应,先制成化合物并经过提纯,进一步热分解、氢还原、金属热还原、氧化、电解、色谱分离等各种不同方法进行提纯
蒸馏	常压蒸馏、减压蒸馏、蒸汽蒸馏、共沸蒸馏、精馏、常压升华、真空升华等
重结晶	在水及其他有机溶剂中的重结晶、分布结晶等
色谱分离	气相色谱、液相色谱、薄层色谱、干柱色谱(用活性炭、硅胶、氧化铝、分子筛、硅藻土等作吸附剂的吸附提纯)
过滤	微孔滤膜、超滤膜及其他介质过滤

物理提纯

物理提纯主要利用蒸发、凝固、结晶、扩散、电迁移等物理过程除去杂质。物理提纯方法主要有真空蒸馏、真空脱气、区域熔炼、单晶法、电磁场提纯等,还有空间无重力熔炼提纯方法。

物理提纯时,真空条件非常重要,高纯金属精炼提纯一般都要在高真空和超高真空(10^{-6}～10^{-8}帕)中进行。真空对冶金过程的重要作用:为有气态生成物的冶金反应创造有利的化学热力学和动力学条件,从而使在常压下难以从主金属中分离出杂质的冶金过程在真空条件下得以实现;降低气体杂质及易挥发性杂质在金属中的溶解度,相应降低其在主金属中的含量;降低金属或杂质挥发所需温度,提高金属与杂质间的分离系数;减轻或避免金属或其他反应剂与空气的作用,避免气相杂质对金属或合金的污染。许多提纯方法,如真空熔炼(真空感应熔炼、真空电弧熔炼、真空电子束熔炼)、真空蒸馏、真空脱气等必须在真空条件下进行。

真空蒸馏是在真空条件下,利用主金属和杂质从同一温度下蒸气压和蒸发速度的不同,控制适当的温度,使某种物质选择性地挥发和冷凝来使金

属纯化的方法。

真空脱气是指在真空条件下脱除金属中气体杂质的过程,实际上是降低气体杂质在金属中的溶解度。超过溶解度的部分气体杂质便会从金属中逸出而脱除。

区域熔炼用于深度提纯金属的方法,其特点是分离间隙杂质(特别是氧、氮、碳等)的效果好,但目前仅应用于小量金属的提纯。将其和其他提纯方法结合使用,可获超高纯度的金属。

电磁场提纯在电磁场作用下深度提纯高熔点金属的技术越来越多地被采用。电磁场不限于对熔融金属的搅拌作用,更主要的是电磁场下可使熔融金属在结晶过程中获得结构缺陷的均匀分布,并细化晶粒结构。此法不存在和容器接触对提纯金属造成的污染问题,被普遍用于几乎所有高熔点金属(如钨、钼、铌、钒、铼、锇、钌、锆等)的提纯。

提纯方法的综合应用

各种提纯方法都是利用金属的某个物理性质或化学性质和杂质元素间的差异而进行分离达到提纯目的。如真空蒸馏是利用金属和杂质的饱和蒸气压和挥发速度的差异,区域熔炼是利用杂质在固相和液相间的溶解度差异而进行提纯分离的,因而各个方法都有一定的长处(对某些杂质分离效果好)和短处(对另一些杂质分离效果差)。欲获深度提纯金属的效果,一般需要综合应用多种提纯手段。通常是将电子束熔炼(或蒸馏)和区域熔炼(或电迁移法)相结合,即先进行电子束熔炼(或蒸馏提纯),再以区域熔炼(或电迁移)提纯作为终极提纯手段。

有色重金属冶金

有色重金属概述

有色重金属是指铜、镍、钴、铅、锌、锡、锑、汞、铋和镉共10种金属。因其密度均大于6克/厘米^{3}而得名,习惯上还简称为重金属。重金属都具有优良的物理和化学性质,如铜具有良好的导电和导热性,镍和钴以优良的铁磁性和机械性能著称,锌、锡、铅则具有耐腐蚀和耐磨性。在常温和干燥空气中,重金属都不发生化学变化,在湿空气中镍、锌、铅、镉等会被氧化,但生成的表面氧化膜具有阻止内部金属继续氧化的保护作用。

有色重金属大多有悠久的发现、使用和提取冶金史。人类开始使用铜的历史距今已有一万多年,镍、铅、锌、锑、汞、锡等金属的使用年代都在纪元以前,镉、铋、钴的冶金历史最短,也有二百多年了。有色重金属在电气、电子、机械、运输、航空、航海、化工石油、建筑、医药等国民经济各部门及国防军工领域均被广泛应用。铅、汞、镉因其毒性危害环境和人类健康,已逐渐被限制使用,如含汞电池、含铅汽油已为无汞电池和无铅汽油所取代。

重金属在地壳和大洋底沉积物中主要以硫化物、氧化物和少量金属状态存在。重金属矿往往多种金属共生或者是次要金属与主金属伴生,如铅锌矿多呈共生,而贵金属金银常与铜矿、铅矿伴生,因此在冶炼有色重金属的同时,还可综合回收矿石中的其他有价成分。

有色重金属提取冶金方法分为火法冶金和湿法冶金两大类,并以火法为主。火法合金一般是以精矿为原料,在高温条件下,生产出金属锍或粗金属,再进一步冶炼出市场需要的各种产品。湿法冶金则是在溶液中提取金属,原料可以是精矿、原矿、废矿石、焙砂、废渣或其他中间产品。铜、镍、铅、汞、锡、锑等多采用火法冶金,炼锌采用湿法冶金最为普遍,镍和铜的湿法冶炼也占有重要比例。

铜冶金

铜是化学元素周期表中第四周期ⅠB族元素,原子序数 29,元素符号 Cu,原子量 63.54。

金属铜呈玫瑰红色,电解铜的密度为 8.914 克/厘米^3,退火铜材为 8.93 克/厘米^3。铜的延展性优良,可抽成细丝,轧制成薄片。其熔点为 1 083℃,沸点为 2 360℃;蒸气压较低,在熔铸温度下为 0.15～0.29 帕;导热系数仅次于金和银,为银的 73.2%,金的 88.8%;铜也是电的良导体。

铜的化学性质不活泼,室温下干燥空气和水都不与铜发生作用,但在含有 CO_2 的潮湿空气中,铜表面会生成一层铜绿(碱式碳酸铜)。铜能溶于氨水中,也能溶解于热硝酸和硫酸中,但与浓盐酸不起变化,从稀酸中可以置换出氢气并生成相应的盐。

铜的化合物主要有氧化物（如 Cu_2O、CuO）、硫化物（如 Cu_2S、CuS）、盐类（如 $CuSO_4 \cdot 5H_2O$、$Cu_2CO_3 \cdot Cu(OH)_2$ 等）。

铜在地壳中的丰度为 0.005%，世界陆地铜储量为 16.27 亿吨，海底结核中铜储量 6.89 亿吨。已发现的铜矿物约有 250 多种，主要以硫化铜、氧化铜和自然铜形态存在，其中硫化铜矿数量最大。铜矿石含铜一般只有 0.4%～2%，其余除了常见的少量伴生有价成分铅、锌、镍、钴、金、银和稀有金属外，90% 以上是黄铁矿和钙镁等脉石成分，现代均采用选矿法予以富集，产出含铜 20%～30% 的铜精矿供炼铜使用。

铜的用途广泛，主要用于电气工业的电缆和电机制造，汽车和船舶也是用铜大户，其他如电子、电器和家电行业用铜也占相当比例。建筑业用铜一致看好，建筑装饰和五金用量上升，特别是铜管材既无镀锌管的污染又能杀菌，已被用作住宅楼的上水管线。铜也是生产武器弹药的重要金属材料。

炼铜以火法熔炼为主。火法炼铜是在冶金炉中，1 000℃ 以上高温条件下，从铜精矿中提取铜的炼铜方法。该方法由铜熔炼、铜锍吹炼和粗铜精炼三大工序组成，其中精炼又分为火法精炼和电解精炼两种。湿法炼铜，尤指浸出—萃取—电积工艺，因其生产成本低，环境污染轻，可处理火法不能处理的低品位铜矿或难选矿，近十多年来获得很大发展。

铅冶金

铅是化学元素周期表中第六周期ⅣA族金属，原子序数为 82，化学符号 Pb，原子量为 207.19。铅密度较大，固态时其密度为 11.34 克/厘米^3，液态时随温度上升而降低。铅的熔点较低，为 327.4℃，沸点为 1 525℃。在重金属中铅的硬度（莫氏硬度）最低，有良好的延展性，容易压成板、管、棒材。

铅冶金过程常见的铅化合物主要有 PbO 和 PbS。PbO 性质稳定，熔点为 890℃，但易挥发，750℃ 开始挥发，1 110℃ 时 PbO 蒸气压可达 2 千帕。PbO 是强氧化剂，在粗铅火法熔炼时，利用 PbO 的这一性质可将铅中杂质除去：铅是主体，精炼时 Pb 首先被氧化为 PbO，PbO 随之将杂质元素 S、As、Sb、Fe、Cu、Zn、Cu 等氧化成氧化物，而 PbO 则被还原为金属。PbS 易流动、易挥发，1 110℃ 的蒸气压可达 13.3 千帕。PbS 化学稳定性次于 CuS、FeS、

ZnS，在一定条件下，Cu、Fe、Zn、Cu 可从 PbS 中把 Pb 置换出来。

铅在地壳中的平均丰度为 0.001%。世界铅储量为 2.9 亿吨，主要集中在美国、加拿大和俄罗斯等国。

铅矿石分为硫化矿和氧化矿两类，前者的主要矿物成分是方铅矿（PbS），后者的基本成分是白铅矿（$PbCO_3$）。全世界所产的铅大部分来自硫化铅矿，少部分从废杂含铅物料中伴生，氧化铅矿炼铅不具重要意义。硫化铅矿常与闪锌矿（ZnS）共生，并常伴生黄铁矿（FeS_2）、黄铜矿（$CuFeS_2$）等硫化物。

铅的应用广泛，在蓄电池、电缆护套、铅合金、铅化合物及建筑等行业中均有应用，尤其是蓄电池用铅量在逐年增加。

炼铅方法主要为火法炼铅，在我国工业应用的方法有三种：铅精矿烧结焙烧—鼓风炉还原熔炼；铅锌混合精矿烧结焙烧—密闭鼓风炉还原熔炼；QSL 法。

火法炼铅一般包括原料准备（配料、制粒、烧结焙烧）、还原熔炼取粗和粗铅精炼几大工序。烟气制酸、烟尘综合回收及从阳极泥回收金银等贵金属，也是火法炼铅工艺的重要组成部分。

锌冶炼

锌是元素周期表中第四周期ⅡB族元素，原子序数 30，元素符号 Zn，原子量 65.38。

锌是一种灰白色金属，延展性小，加热至 100～150℃，可提高延展性。常温下锌的密度为 7.13 克/厘米^3，熔点 419.7℃，沸点 907℃。锌的化学性质较活泼，在潮湿空气中表面会氧化成一层致密的 $ZnCO_3 \cdot 3Zn(OH)_2$ 薄膜，此膜可防止内部金属不再被侵蚀。锌对人的危害较小，是人体生长发育必需的微量元素之一。锌是国民经济各部门广泛应用的金属材料，主要用于镀锌工业和制作各种合金，其他如化工、纺织业也有应用。

锌的重要化合物 ZnO 能被 C、CO 和 H_2 所还原，这一性质成为火法炼锌技术的基础。

锌在地壳中的丰度高于其他有色重金属，为 0.008 2%。锌在陆地储量为 16.27 亿吨，海洋结核中储量为 6.89 亿吨。自然界的主要含锌矿物是硫化矿和氧化矿，硫化矿储量远大于氧化矿，是炼锌的主要矿物原料。硫化锌矿多为共生矿,如铅锌矿、铜锌矿、铜铅锌矿,这些矿石含铜、铅、锌、金、银、镉、铋、砷、锑等金属。

锌提取冶金分为火法炼锌和湿法炼锌两类。火法炼锌历史较久,工艺成熟,但能耗较高,而且需要价格较贵的冶金焦。湿法炼锌能耗较低,生产易于机械化和自动化,自20世纪70年代以来,湿法炼锌逐渐取代了火法炼锌,生产能力不断扩大,目前,湿法炼锌总产量已占世界锌总产量的80%。

火法炼锌是在高温下,用碳作还原剂从氧化锌物料中还原提取金属锌的过程。火法炼锌技术又分为竖罐炼锌、密闭鼓风炉炼铅锌、电炉炼锌和横罐炼锌。前两种方法是中国现行的主要炼锌方法,电炉炼锌仅为中小炼锌厂采用,横罐炼锌已经淘汰。

密闭鼓风炉炼铅锌熔炼时,烧结块、石灰熔剂和经预热的焦炭分批自炉顶加入炉内,烧结块中的铅锌被还原,锌蒸气随CO_2、CO烟气一道进入冷凝器,熔炼产物粗铅、铜锍和炉渣经过炉缸流进电热前床进行分离,炉渣烟气经处理回收锌后弃去,锍和粗铅进一步处理。

电炉炼锌是以电能为能源,在焦炭或煤等还原剂存在条件下,直接加热炉料使其中的ZnO成分连续还原成锌蒸气并冷凝成金属锌。

湿法炼锌是用酸性溶液从氧化锌焙砂或其他物料中浸出锌,再用电解沉积技术从锌浸出液中制取金属锌的方法。该工艺包括硫化锌精矿焙烧、锌焙砂浸出、浸出液净化除杂质和锌电解沉积四个主要工序。

镍冶金

镍是元素周期表中第四周期Ⅷ族元素,原子序数为28,元素符号Ni,原子量58.71。镍的密度为8.907克/厘米^3,熔点1 452℃,沸点2 820℃。

镍是一种性质较稳定的金属,在常温干空气中不被氧化,遇湿空气则缓慢发生氧化反应,生成的致密氧化膜能防止内部金属被继续氧化。硫酸和盐酸能缓慢地溶解镍,而在硝酸中镍较容易溶解。镍的主要化合物有氧化物(NiO和Ni_2O_3)和硫化物(NiS、Ni_3S_2)等。

镍在地壳中的丰度为0.007 5%。世界陆地镍储量为2.17亿吨,海底结核储量为6.9亿吨。

镍是一种重要的金属材料,主要用于生产各种含镍合金,不锈钢用镍占去镍消耗量的50％。镍被广泛用于机械制造、交通运输工具、航天器、石油、化工及建筑等部门。

陆地已经开采的镍矿有硫化镍矿、氧化镍矿和砷化镍矿。我国主要从硫化镍矿中提取镍。

镍的冶金方法分为火法和湿法两大类。采用的生产工艺有电炉熔炼、闪速炉熔炼和鼓风炉熔炼等三种方法。

钴冶金

钴是化学元素周期表第四周期Ⅷ族元素,原子序数为27,元素符号Co,原子量58.94,密度为8.8克/厘米^3,熔点1 490℃,沸点2 875℃。钴和铁一样具有磁性,其导电率很低,只有铜的21％。钴在常温下不与水、空气发生作用,在稀酸中难溶,强碱中钴不起作用。钴粉在常温下能吸收一氧化碳,在高温下吸氢能力很强。

钴的重要化合物有氧化亚钴(CoO)和氧化钴(Co_2O_3)。CoO在120℃以上温度时,易为H_2和Co还原。钴的碱性水化物为$Co(OH)_2$,当pH为6～7时,$Co(OH)_2$从溶液中沉淀出来。其硫化物、砷化物也是钴的重要化合物。

钴主要用于生产高强度、耐高温、耐腐蚀、耐磨、强磁性等含钴合金,制造合金刀具、弹簧、加热元件等。钴的化合物也被用来制作搪瓷、油漆、玻璃等制品。

钴在地壳中的丰度为0.002 5％,陆地钴储量为548万吨,海底结核中储量为2.27亿吨。钴在自然界多与铜镍矿共生,是铜镍冶炼过程的副产品。中国钴资源一半藏于黄铁矿,另一半在铜镍矿中。

含钴黄铁矿经选矿富集,得到钴硫精矿。为从贫钴硫精矿中提取钴,先氧化焙烧将S氧化成气体SO_2除去,同时将钴转变成水溶液或酸溶形态,再用酸浸出钴,并与大量的铁渣分离。

锡冶金

锡是元素周期表中第四周期ⅣA族元素,原子序数为50,元素化学符号Sn,原子量为118.69,有同素异形现象。13.2℃以上温度时以β-白锡形态稳定存在,密度为7.298克/厘米^3,温度在13.2℃以下时以α-灰锡存在,密度为5.846克/厘米^3。锡的熔点为231.9℃,沸点为2 260℃。通常的白锡转变为灰锡时会分散成细粉状——锡疫现象。当弯曲锡棒时,伴随锡棒变形会发出声音——锡鸣现象。锡可以加工成锡箔。锡在低温时电阻极小,在-269.37℃时锡转变成超导体。在室温下锡的化学性质很稳定,不与水、CO_2 起作用。锡在稀酸中缓慢溶解,易溶于浓盐酸和硝酸。

锡在地壳中的丰度为 0.000 2%,锡的实际总储量为 3 700 万吨,我国的锡储量达 550 万吨,是世界主要产锡国之一。锡的用途很广,如罐头镀锡,制作运输工具的轴承、机器零件及焊料等,锡化合物的用量正逐级上升。锡的化合物有无机化合物和有机化合物,其中氧化锡(SnO_2)在地壳中以锡石矿物形态存在,最具冶金价值。锡矿石含锡很低(0.01%~0.2%),经过选矿处理,可得到含锡高于 40% 的锡精矿和含锡低于 20% 的中矿。

锡精矿均含有与 SO_2 还原性质相近的铁氧化物 Fe_2O_3 和 Fe_3O_4。根据精矿含锡品位和铁含量的多少,炼锡方法主要有以下三种:适于处理含 Fe 20%~30%、Sn 40%~50% 原料的还原熔炼—富渣硫化挥发法;适于处理含 Sn 超过 60%、Fe 低于 20% 原料的还原熔炼—渣还原熔炼法;适于处理含 Sn 3%~30% 物料的硫化挥发富锡炉渣。

锑冶金

锑是元素周期表中第五周期ⅤA族元素,原子序数 51,化学符号为 Sb,原子量 121.75。锑的密度为 6.691 克/厘米^3,熔点 630℃,沸点 1 440℃。锑的脆性很大,不能进行压力加工。锑与砷同属半金属元素,但锑的金属性质较明显,在常温空气中,锑不被氧化,在加热时能氧化燃烧生成易挥发的 Sb_2O_3。锑的主要化合物有氧化物 Sb_2O_3、Sb_2O_4 和 Sb_2O_5 和硫化物 Sb_2S_3、Sb_2S_5 等。

锑在地壳中的丰度为 0.000 01%,锑的全世界总储量为 562 万吨,我国锑储量占世界总储量的 50% 以上,为 310 万吨,居世界第一位。地壳中含锑矿物分为金属间化合物、硫化矿、氧化矿和天然锑四类,其中的硫化矿物辉锑矿(Sb_2O_3)是锑冶金工业的主要提锑原料。金属锑几乎全部用于生产合金,制造轴承、蓄电池栅板、电缆护套等。铅锡焊料中也加入一定量的锑,高纯锑用于电子工业。锑的化合物应用日益广泛,除作阻燃剂外,在陶瓷、玻璃、颜料、橡胶、军工等部门也有应用。

锑冶炼方法分为火法和湿法两大类。火法历史悠久,工艺成熟,应用普遍;湿法炼锑技术开发已获成功,并建成大厂,但因经济效益差而未正常生产。火法炼锑因设备不同还分多种工艺,但主要流程只有两种,即直井炉挥发焙烧—反射炉还原熔炼和鼓风炉挥发熔炼—反射炉还原熔炼,均是利用硫化锑(Sb_2S_3)易挥发、氧化和 Sb_2O_3 易挥发的特性,在直井炉内高温和通风条件下,使矿石中锑呈气体挥发,在冷凝和收尘系统中以 Sb_2O_3 提取锑的过程。

汞冶金

汞是元素周期表中第六周期ⅡB族元素,原子序数为80,元素化学符号Hg,原子量为200.59。汞在0℃时的密度为13.595克/厘米^3,常温下呈液态,熔点为-38.87℃,沸点为356.9℃。汞是锌副族中最不活泼的金属,不与稀盐酸、稀硫酸发生作用,但易溶于硝酸。汞蒸气有剧毒。汞能与多种金属生成液态合金—汞齐,其中的金汞齐最具冶金价值。汞的化合物有无机和有机两大类,无机化合物中最重要的是硫化汞、氧化汞、氯化汞。在地壳中蕴藏的有工业价值的汞矿物是硫化汞,即辰砂。汞在地壳中的丰度为0.000 002%,全世界汞的总储量为57.9万吨,其中我国储量为5.1万吨。随着环境保护法规的日臻完善和严格,汞在传统应用领域如氯碱工业、油漆、农业、医药等行业中的使用已逐渐下降,目前主要在电器工业如蓄电池、整流器等设备中使用数量较大。

汞冶炼方法分为火法和湿法两类。火法炼汞是在高温下焙烧汞矿石或汞精矿,将其中汞的硫化物还原成金属汞,并以蒸气态从矿石中分离出来,经冷凝产出液态金属汞。湿法炼汞是以硫化钠或次氯酸盐溶液为浸出剂,将汞矿中的汞浸取出来,浸出液经过净化用电解沉积或置换法制取金属汞。我国炼汞工艺和设备不断改进与完善,现行主要是火法炼汞,生产流程有原矿高炉焙烧、原矿沸腾炉焙烧和汞精矿回转炉蒸馏三种工艺。

汞精矿电热回转窑焙烧是应用最多的炼汞技术。

铋冶金

铋是元素周期表中第六周期ⅤA族的元素,原子序数83,化学元素符号Bi,原子量为208.98。其熔点271℃,沸点1 560℃,密度9.75克/厘米^3,是逆磁性最强的金属。铋能与锡、镉、镓等金属配制成易熔合金。其化学性质不活泼,在室温湿空气只轻微氧化。

铋的化合物近百种,重要的有硫化铋、氧化铋、硝酸铋等。硫化铋和氧化铋在地壳中分别以自然矿物辉铋矿(Bi_2S_3)和铋华(Bi_2O_3)形态存在。地壳中铋的丰度为 0.000 01%,我国铋的储量和年产量均居世界前列。铋主要用作易熔合金,制造锅炉和压力容器的安全活塞,医药中也有一定作用。自然界单独铋矿床少见,多与钨、钼、铅、铜矿共生。与钨钼砂共生矿,分选时可产出铋精矿,而与铅、铜共生,只能以副产品形态在主要金属生产过程综合回收。生产铋的方法分火法和湿法两类,前者包括沉淀熔炼、混合熔炼等方法,后者有氯化浸出和矿浆电解等工艺。

熔炼产出的粗铋还含有相当多的 Pb、As、Cu、Sb、Ag 等杂质成分,必须逐一除去才能符合工业应用要求。精炼的方法有火法精炼和电解精炼,可以得到含 Bi 大于 99.99% 的精铋,化学成分达到国家规定标准。

镉冶金

镉是化学元素周期表中第五周期ⅡB族元素,原子序数48,元素化学符号 Cd,原子量 112.4,熔点 321℃,沸点 778℃,密度 8.65 克/厘米^3。镉的硬度大于锡而次于锌,与锌的化学性质十分相似,在常温干空气中不被氧化,遇潮湿空气缓慢发生反应而失去光泽。镉是一种有毒物质。镉的化合物主要有 CdO、CdS 及 $CdSO_4$。地壳中镉的丰度为 0.000 01%。镉在地壳中没有单独矿床,硫化镉常与铅锌矿共生,选矿时进入锌精矿。在湿法炼锌溶液净化过程产出的铜镉渣和火法炼锌厂的精馏过程产出的镉灰都是提取金属镉的主要原料。提取镉的冶金方法主要有电解沉积法、置换法和联合法。

有色轻金属冶金

铝冶金

铝是元素周期表中第三周期ⅢA族元素,原子序数13,原子量26.98,原子半径0.143 mm,离子半径0.086 mm。金属铝为银白色。

不管是固体铝或熔融铝,其密度都随着纯度的提高而降低;同等纯度的熔融金属铝的密度随温度的增高而降低。其熔点随其纯度而变化,越纯熔点越高。导热系数大约为熟铁的2.5倍,为铜的1.5倍;比热也是金属中较大的,为铁的2倍。铝的导电性能仅次于金、铂、铬、铜和汞,其纯度越高则导电性能越好,导电率为铜导电率的62%~65%(和纯度有关)。

铝的机械性能与纯度关系密切,纯铝软、强度低,但与某些金属组成铝合金后,不仅在某种程度上仍保持着铝固有的特点,又显著地提高了它的硬度和强度,使之几乎可与软钢甚至结构钢相媲美。其化学性质极为活泼,其氧化物、卤化物、硫化物及碳化物等的生成能力非常大,最特殊的性能是同氧强烈结合的倾向,特别是同空气中的氧。铝在空气中其表面生成一层厚度约为 2×10^{-4} 毫米的致密氧化铝膜,这一层薄膜防止了铝的继续氧化,从而决定了铝在常温和通常的大气中具有良好的抗腐蚀性能。

铝氧化的强度取决于温度、粉碎程度及存在于其中的其他金属杂质。当温度高于铝的熔点时,其氧化速度最大。粉碎很细的铝粉,在空气中加热时即剧烈燃烧。铝中有镁、钙、钠、硅及铜存在时,其氧化强度增加,在有杂质存在的地方,氧化膜同铝的连接力大大降低。

工业铝易溶于盐酸,随纯度提高,铝在盐酸中的溶解度急剧下降。硫酸对铝的作用很慢,冷的浓硝酸和稀硝酸都不能溶解铝,但将酸加热则能溶解。铝对乙酸等有机酸是稳定的。

铝及其合金密度轻,能达到要求的强度,已成为制造飞机、汽车、船舶、拖拉机、机动车辆等不可缺少的材料,在工业上广泛应用铝制造电线、电缆、电容器、整流器、电器配件和无线电器材等。化工工业根据铝的耐蚀性良好,常用铝及其合金制作各种耐蚀性的设备和储运用容器。原子能工业常用它做核反应堆燃料的包覆材料。其导热性好,是制作制冷设备、散热器、热交换器的好材料。建筑方面近来广为利用铝和铝合金制品代替木材和其他材料。

铝粉的用途也很广,目前一般是用磨细或液态铝雾化法制取铝粉,所制铝粉有粗细之分。粗铝粉可用于钢的脱氧,目的是提高钢的质量。细铝粉主要用于颜料、焰火、泡沫剂等。

铝与铝合金在日常生活和装饰方面的用途也很广,如用于制作炊具、食品储藏和包装、乐器、照相机部件及其他工艺美术品等。铝具有吸声性能,广播室和现代大建筑物多采用它做室内天花板。

目前,在工业上生产铝,采用的方法是熔盐电解法,原料是氧化铝,而氧化铝是由各种含铝的矿石中提取出来的。生产方法有:拜耳法,处理二氧化硅含量低的优质铝土矿;烧结法,处理二氧化硅含量高的低品位铝土矿;联合法,处理中等品位铝土矿。拜耳法生产工艺主要分溶出、分解、焙烧三个阶段。烧结法是通过配料加入石灰(CaO)或石灰石($CaCO_3$)及碱粉(Na_2CO_3),在烧成过程中生成新矿物成分,再用湿法过程处理熟料生产出氧化铝。

镁冶金

镁是元素周期表中第三周期ⅡA族元素,原子序数12,原子量为24.305。镁是银白色金属,有很好的导热性和导电性,有良好的机械性质,能够铸造、轧制和机械加工,能够铸造出薄壁零部件,且铸件表面平整光滑,适于高速切削,易于精整加工,焊接性能良好,可以制造多种机械零部件,是最轻的结构材料。

目前世界上工业生产镁使用的原料为菱镁矿、白云石、光卤石、盐湖水和海水。

用于炼镁的菱镁矿纯度要求较高。用菱镁矿做原料炼镁采用的是电解法,需将菱镁矿中碳酸镁转变成电解原料氯化镁:在高温下将菱镁矿与氯气反应制取无水氯化镁,或将菱镁矿溶解于盐酸制取氯化镁,经脱水得到无水氯化镁。炼镁用的白云石纯度要求较高。白云石,既可作为热还原法炼镁的原料,也可作为电解法炼镁的原料。电解法炼镁,需将白云石中MgO转变为电解原料$MgCl_2$。

稀有金属冶金

稀有高熔点金属冶金

稀有高熔点金属包括元素周期表第Ⅳ副族的钛、锆和铪,第Ⅴ副族的钒、铌和钽,第Ⅵ副族的钨和钼,以及第Ⅶ副族的铼等9种元素。这些元素都有很高的熔点,它们在原子结构上有着共同的特点,在由相邻元素过渡到该元素时,仅发生内层(d层)电子结构的变化,故它们具有一系列共同的性质,如熔点高,硬度大,耐腐蚀性能好,高温强度大,在空气中较高温度下稳定。高熔点金属都是具有多种价态的变价元素,负电性高,都是重要的合金元素,其合金也具有高熔点、耐腐蚀性质。

钨冶金过程包括钨精矿分解、钨溶液净化、纯钨化合物制取、钨粉制取、致密钨制取、高纯致密钨制取。钼提取冶金过程包括钼精矿分解、钼溶液净化、钼化合物制取、钼粉制取、钼精炼等步骤。钛提取冶金过程包括富钛料制取、四氯化钛制取、金属钛和钛白生产,主要原料是金红石。锆和铪提取冶金主要为精矿分解、化合物制取、氯化、分离和金属生产等阶段。

稀有轻金属冶金

稀有轻金属指密度小于 2 克/厘米^3 的元素周期表中第Ⅰ、Ⅱ主族的锂、铷、铯、铍 4 种元素。稀有轻金属的摩尔分子体积都很大,金属键较弱,因而具有密度小、熔点低、硬度小、化合价单一等共同特征。在所有金属(包括有色金属和黑色金属)中,锂是最轻的金属(密度约为水的一半),铍是最脆的金属。金属锂、铷、铯均为柔软性金属,软到可以用小刀切割。化学活性强是稀有轻金属化学性质上的共同特征,其中铯是所有金属中最活泼和正电性最强的金属。稀有轻金属原子的外层电子轨道有 1~2 个电子,但内层电子轨道呈饱和状态,故都只有一种价态,氧化物和氯化物很稳定,较难还原。

稀有轻金属在地壳中的含量大都比较高,其中以铷的地壳丰度值最大,为 0.0078%,是铜、铅、锌丰度的几十到几百倍,锂的地壳丰度超过铅和锌,铯和铍的丰度大于锑。它们在地壳中呈赋存状态分散,矿石品位低,如锂精矿一般仅含 Li_2O 4%~8%,铍精矿含铍仅 10%~12%,铯仅能产出少量精矿,铷更没有独立矿物,而是分散在各类卤水和锂矿物中,提取困难,其世界上不足铜产量的百万分之一。

稀有轻金属冶金上一般分两阶段:首先以精矿为原料采用湿法工艺制取纯化合物,工艺上广泛采用溶剂萃取分离技术;金属制取,主要采用熔盐电解法和金属热还原法。

稀土金属冶金

稀土金属是指元素周期表中第四、五、六周期ⅢB族中的钪、钇和镧系

(即与镧相似)的 15 种元素总共 17 种元素的总称。"稀土"一词是历史遗留下来的名称。稀土金属是 18 世纪末开始陆续被发现的,当时人们常将不溶于水的固体氧化物称为"土",例如用 RE 或 R 表示稀土。根据镧系元素的一些性质的周期性变化,一般将其分为轻稀土(从镧至铕 7 种元素)和重稀土(铕之后的元素和钪、铱)两组,但钪的化学性质同其他稀土元素的差别较大,一般稀土矿物不含钪。此外,最少的钷最初是从铀裂变产物中获得的。稀土金属具银灰色金属光泽,其物理化学性质很相似。我国是稀土资源大国,储量大、矿种全,占世界储量的 80%。稀土元素提取冶金包括精矿分解、分离提纯、金属制取和提纯等阶段。

稀散金属冶金

稀散金属是镓、铟、铊、锗、硒、碲六种元素的总称。这类金属因在地壳中非常分散,在自然界中极少有单一矿床,绝大部分伴生在其他有用矿物(有色金属矿、铁矿、煤矿等)中,一般只能从其他金属冶炼的副产物或废物中提取出来。因此,也有人将铼、钪、铪也列为稀散金属。

稀散金属冶金工艺有四个特点:一是部分金属和非金属矿物的冶炼或加工过程也就是稀散金属的富集过程,稀散金属往往富集在重有色金属冶炼中的烟尘、渣料或废液中,具有综合回收性质;二是稀散金属一般没有通用定型的生产流程;三是稀散金属冶炼工艺流程长,方法复杂,工序多;四是稀散金属富集物成分复杂,杂质多,而产品多要求极高纯度,因此杂质元素分离和提纯工艺占有重要地位。

黑色金属冶金

黑色金属概述

迄今为止已发现的一百多种化学元素中,有 80 多种为金属元素。在这些元素中,习惯上将铁、锰、铬三种金属称为黑色金属。

黑色冶金工业包括铁、生铁、钢和铁合金(如锰铁、硅铁等)的工业生产。钢铁是现代化工业中应用最广、使用量最大的金属材料。钢铁均是含有少量合金元素和杂质的铁碳合金,按含碳量不同可分为:生铁,含 C 为 2.0%～4.5%;钢,含 C 为 0.25%～2.9%;熟铁,含 C 小于 0.05%。

钢铁具有良好的物理和化学性能。生铁坚硬、耐磨、铸造性能好,但生铁脆,不能锻压。钢系由生铁再炼而得,有较高的机械强度和韧性,还具有耐热、耐腐蚀、耐磨等特殊性能;钢容易焊接和加工,可满足人类多方面需要和特殊性能的要求。

在地壳中铁蕴藏量极为丰富,仅次于氧、硅、铝居第四位。冶炼和加工方法主要是从铁矿石中提取铁元素,有高炉炼铁、直接还原和熔融等方式,产品有液态铁水和固态金属铁。目前高炉炼铁仍是炼铁的主要工艺。

我国钢铁冶炼的历史

我国是世界上掌握钢铁冶炼技术最早的国家,比欧洲早 1 900 多年。早在春秋时代(公元前 6、7 世纪)就采用了规模较大的鼓风炉冶炼,并掌握了冶铸技术,逐步由青铜器时代过渡到铁器时代。

我国修建现代化高炉始于 1891 年。首先在汉阳建造了两座日产百吨铁的小高炉,以后又陆续在大冶、石景山、阳泉等地建起一些高炉。日本帝国主义入侵我国东北后,为了掠夺我国矿产资源,又在鞍山、本溪等地建造了一些高炉。到 1949 年新中国成立前夕,我国钢铁工业技术水平及装备极其落后,铁的年产量只有 25 万吨,钢为 15.8 万吨。

新中国成立后,我国钢铁生产得到迅速恢复和发展。1953 年,生铁产量已超过了历史最高水平,达到 190 万吨。十一届三中全会以后,我国钢铁工业发展迅速。1979 年,全国钢产量达到 3 448 万吨,1990 年达到 6 000 万吨,1996 年首次突破 1 亿吨,2003 年产量达 2.2 亿吨,占世界产量的 25%,是美国、日本和韩国三国之和;2004 年产量达到一个新的水平,为 2.7 亿吨。我国已进入了世界钢铁强国的行列。

高炉炼铁的工艺流程

自然界的铁绝大多数是以铁的氧化物状态存在矿石中,如赤铁矿(Fe_2O_3)、磁铁矿(Fe_3O_4)等。高炉炼铁就是从铁矿石中将铁还原出来,并熔炼成液态生铁。还原铁矿石需要还原剂,为了使铁矿石中的脉石生成低熔点的熔融炉渣而排除，必须有足够的热量并加入熔剂石灰石。在高炉炼铁中，还原剂和热量都是由燃料与鼓风供给的。目前所用的燃料主要是焦炭，有的高炉还从风口喷入重油、天然气、煤粉等其他燃料，以代替部分焦炭。为了提高矿石品位及利用贫矿资源，矿石要经过选矿、烧结，制成烧结矿或球团供高炉冶炼。

从炉顶装入铁矿石、焦炭、石灰石，从高炉下部的风口处鼓入热风（1 000～1 300℃），燃料中的碳素等在热风中发生燃烧反应，产生具有很高温度的还原性气体（CO、H_2）。炽热的气流在上升过程中将下降的炉料加热，并与矿石发生还原反应。高温气流中的 CO、H_2 和部分炽热的固定碳夺取矿石中的氧，将铁还原出来。还原出来的海绵铁进一步熔化和渗碳，最后形成生铁，铁水定期从铁口放出。矿石中的脉石变成炉渣浮在液态的铁面上，从渣口排出。反应的气态产物称为煤气，从炉顶排出。煤气含有可燃性气体，经净化处理后（含尘量达 10 毫克/米^3 以下）成为气体燃料。

高炉生产的特点

高炉生产规模大。自从 20 世纪 60 年代以来，世界各国的高炉容积不断扩大，产量增长。据不完全统计，当前世界上大于 2 000 米^3 级高炉已超过 100 座，4 000 米^3 级高炉 22 座。我国包钢高炉是 4 063 米^3，日产生铁超过 10 000 吨，炉渣 4 000 多吨，日耗焦 4 000 多吨。每天要把数万吨的原料装入炉内，连续处理成万吨的产品，因此，没有生产率很高的自动化机械设备和运输工具，就不能保证生产的顺利进行。

高炉生产是钢铁联合企业中的重要环节。现代钢铁工业是一个庞大而复杂的生产部门，它包括采矿、选矿、烧结（球团）、炼铁、炼钢和轧钢等环节。高炉炼铁是重要的中间环节。

高炉生产是长期连续性生产。高炉从开炉到停炉，一代炉龄在 10 年左右（中间可能进行一次中修）。在此时间内是不间断地生产（仅在设备检修或发生事故时才暂时停止生产），原料不断地装入高炉，煤气连续从高炉逸出，生铁和炉渣聚集在炉缸内，有规律地排出。

高炉生产的机械化和自动化程度高。目前高炉上料系统正向皮带化方向迈进，电子计算机已进入高炉生产的一些控制系统。

高炉生产的产品和副产品

高炉生产的主要产品是生铁(包括少量铁合金),副产品是炉渣、煤气和炉尘等。

生铁分为制钢生铁和铸造生铁两大类,我国约 90% 以上为制钢生铁,其余(小于 10%)部分为铸造生铁。它们的主要区别是含硅量不同。铁合金多在电炉中生产,少量的锰铁和硅铁合金可在高炉中冶炼。铁合金主要供炼钢的脱氧剂或作为合金添加剂。我国高炉生产锰铁较多。

炉渣,每吨生铁的渣量随入炉料的含铁品位高低和焦比以及焦炭含灰分多少而差异很大。我国大中型高炉的渣量一般在每吨铁 300~600 千克,地方小高炉的渣量大大超过此数值。炉渣在工业上有广泛的用途。液态炉渣用水急冷可粒化成水渣,作为制砖和水泥的原料。用蒸汽或压缩空气将液态炉渣吹成渣棉,可作绝热材料。冷凝后的干渣也是制砖和生产水泥的原料,还可作其他建筑或铺路材料。

高炉煤气,冶炼每吨生铁大约产生煤气 1 700~3 000 米^3,煤气含有 CO_2(15%~20%)、CO(22%~30%)、H_2(1%~3%)、N_2(56%~58%)和微量的 CH_4。煤气经除尘处理后,成为很好的气体燃料,其发热值为 3 350~3 770 千焦/米^3,除作为热风炉的燃料外,还可供炼钢、炼焦、轧钢厂均热炉及烧锅炉等用户。高炉煤气是无色无味的透明气体,由于含有 CO,泄漏后会使人中毒致死。煤气与空气混合,煤气含量达到 46%~62%,温度达到着火点(650℃)时,会发生爆炸。因此,在煤气区域工作,要特别注意防火和预防煤气中毒。

炉尘是煤气上升时带出的细颗粒固体炉料(除尘器的灰),高炉炉尘含铁 30%~50%,碳 3%~5%。每炼 1 吨生铁要有 10~150 千克炉尘,回收后可作为烧结的原料。近年来日本用炉尘生产海绵铁成功,开辟了利用炉尘的新途径。

高炉常用的铁矿石

高炉常用的铁矿石主要有磁铁矿、赤铁矿、褐铁矿和菱铁矿。由于它们的化学成分、结晶构造及生成的地质条件不同,因此各种铁矿石都具有不同的外部形态和物理特性。

磁铁矿主要含铁矿物是磁铁矿,其化学式为 Fe_3O_4,有时含有 TiO_2 和 V_2O_5 组成复合矿石,分别叫钛磁铁矿或钒钛磁铁矿。磁铁矿具有强磁性,晶体通常呈八面体,少数为菱形十二面体;集合体一般呈致密的块状,颜色和条痕均是铁黑色,半金属光泽,密度为 4.9~5.2,硬度为 5.5~6,无解理,脉石主要是石英及硅酸盐;还原性差,一般含有较高的有害杂质硫和磷。

赤铁矿俗称"红矿",它是无水氧化铁矿石,其化学式为 Fe_2O_3。赤铁矿含铁量一般为 50%~60%,含有害杂质硫和磷比较少,是比较优良的炼铁原料。赤铁矿常见的有鲕状、豆状、肾状等集合体形态。片状表面具有金属光泽的叫做镜铁矿,细小片状者叫云母赤铁矿,红色粉末者叫铁赭石。其颜色,结晶者为铁黑色或钢灰色,其他均为红色或暗红色,但条痕均为暗红色。赤铁矿具有半金属光泽,结晶者硬度为 5~6,土状赤铁矿硬度很低,无解理,密度为 4.9~5.3,仅有半磁性,脉石多为硅酸盐。

褐铁矿是含水氧化铁矿石,是由其他矿石风化后生成的,自然界中分布很广。其化学式为 $nFe_2O_3 \cdot mH_2O$,大部分以 $2Fe_2O_3 \cdot 3H_2O$ 的形式存在。矿石一般含铁量为 37%~55%,有时含磷较高。矿石吸水性很强,一般都吸附着大量的水分。矿物形态常见的有葡萄状、肾状和钟乳状的集合体,并在其断口上可看到放射状分布的纤维状构造,也常见到致密块状、多孔状、矿渣状和土状的集合体,颜色为浅褐色到深褐色或黑色,条痕为褐色,硬度 1~4,密度 3.3~4,脉石常为砂质黏土。

菱铁矿为碳酸盐铁矿石,化学式为 $FeCO_3$。矿物形态有结晶及集合体两种,结晶者为菱面体,集合体常呈粒状、隐晶状、放射状的球形结核、鲕状等形态。颜色有灰色、浅黄色及褐色,风化后变为深褐色,具有玻璃光泽,硬度为 3.5~4,菱面体解理,密度为 3.8,含硫低,含磷较高,脉石为含碱性氧化物。

熔剂在高炉冶炼中的作用

高炉炼铁时需要加入一定量的助熔剂,简称熔剂。其作用主要是使还原出来的铁与脉石及灰分实现良好的分离。高炉生产必须使还原出来的铁与脉石及灰分在炉内完全分离,才能保证高炉生产的连续性。其在炉内完全分离的条件是:还原出来的铁和脉石及灰分都必须熔融成液体,然后借助铁水与熔渣密度的不同而实现分离。在高炉冶炼条件下,脉石及灰分是不能熔化的,必须加入助熔剂使其与脉石、灰分作用生成低熔点化合物和共熔体(即熔渣),这种熔渣在高炉冶炼温度下可以完全熔化为液体,并具有良好的流动性。使用碱性熔剂时,还可以去除有害杂质硫,改善生铁质量。

高炉冶炼使用的熔剂可分为碱性、酸性和中性熔剂三种。当铁矿石中的脉石主要为酸性氧化物时,就需要加入碱性熔剂。常用的碱性熔剂有石灰石($CaCO_3$)、白云石($CaCO_3 \cdot MgCO_3$)。当使用含碱性脉石的铁矿石冶炼时,就需加入酸性熔剂。酸性熔剂有石英(SiO_2)。由于铁矿石中的脉石绝大部分是酸性的,所以实际上酸性熔剂很少使用,就是有一部分碱性脉石的铁矿石一般也是和含酸性脉石的铁矿石配合使用。

对碱性熔剂(石灰石)的质量要求:石灰石中 CaO 含量不低于 50%,SiO_2＋Al_2O_3 的含量不超过 3.5%,石灰石的有效熔剂性越高越好,有害杂质 S、P 越少越好,石灰石要有一定的强度和均匀的块度。

焦炭在高炉生产中的作用和要求

(1) 焦炭的作用。焦炭在高炉冶炼过程中主要起三方面的作用:发热剂、还原剂和料柱骨架。焦炭燃料放出大量的高温煤气,在煤气上升过程中,将热量传给炉料,使高炉内各种物理化学反应得以进行。高炉冶炼所消耗的热量,70%～80%来自焦炭的燃烧。焦炭燃烧产生的 CO,焦炭中碳与炉内水蒸气作用产生的 H_2 和 CO,以及焦炭中未燃烧的碳是铁矿石的还原剂。在高温下铁矿石被还原和熔融,只有焦炭起到料柱的骨架作用,支持料柱,保持炉内有较好的透气性。焦炭是生铁的渗碳剂,焦炭的燃烧还为炉料的下降提供了自由空间。

(2) 焦炭的质量要求。为了保证高炉冶炼过程顺利进行,获得好的技术经济指标,焦炭必须满足如下几方面的要求:

① 含碳量高,灰分低,挥发分和硫的含量不高,而且比较稳定,因此要增加固定碳,必须降低灰分,增强炼焦的洗煤工作,重视配煤,以及加强对煤的贮运的技术管理,尽量减少混入杂质。

② 含硫、磷杂质要少,在一般冶炼条件下,高炉冶炼过程的硫有 80%是由焦炭带入的,控制煤的含硫量和合适的配煤比是控制焦炭含硫量的基本途径。

③ 化学成分要稳定,指 C、S、灰分、挥发分含量要稳定,焦炭中水分也需

要稳定。

④ 挥发分含量要合适。焦炭中的挥发分是炼焦过程中未分解挥发完的有机物,主要是碳、氢、氧及少量硫和氮。

⑤ 机械强度高。焦炭的机械强度主要指焦炭的耐磨性和抗撞击的能力,其次是抗压强度。

⑥ 粒度均匀、粉末少。要求焦炭块度大小合适而且粒度均匀。

烧结生产与球团矿生产的区别

烧结就是在粉状含铁物料中配入适当数量的熔剂和燃料,在烧结机上点火燃烧,借助于燃料的高温作用产生一定数量的液相,把其他未溶化的烧结料颗粒黏结起来,冷却后成为多孔质块矿。

高炉使用的贫矿,必须先经过选矿和造块才能使用。富矿加工过程中产生的富矿粉也需造块才能使用。烧结过程中可以加入高炉炉尘、转炉炉尘、轧钢皮、机械加工的铁屑及硫酸渣等钢铁及化工工业的若干"废弃物",使这些"废"料得到有效利用。

经过烧结制成的烧结矿(与天然矿相比),粒度合适,还原性和软化性好,成分稳定,造渣性好,保证高炉冶炼稳定进行。烧结料中加入一定数量的熔剂生产自溶性或熔剂烧结矿,可以降低炉内的热消耗。烧结过程中可以除去80%～90%的硫及氟、砷等有害杂质,减轻高炉冶炼过程中的去硫重担,提高生铁质量。

球团矿是细磨铁精矿粉或其他含铁粉料造块的另一种方法。世界上天然富矿日渐短缺,要求生产大量高品位精矿粉。过细精矿粉难以烧结,主要是透气性不好,影响烧结矿产量和质量的提高,而球团矿生产正是处理细磨精矿粉的有效途径。球团矿生产时将精矿粉和少量添加剂(石灰石、膨润土)的混合物,在造球机中滚成9～16毫米的生球,然后经干燥,焙烧,固结成型,成为具有良好冶金性能的人造富矿。

生铁形成过程中的渗碳反应

生铁的形成过程主要是已还原出来的金属铁中逐渐溶入其他合金元素和渗碳的过程。

在高炉上部有部分铁矿石在固态时就被还原成金属铁,随着温度升高逐渐有更多的铁被还原出来。刚被还原出的铁呈多孔的海绵状,故称海绵铁。这种早期出现的海绵铁成分比较纯,几乎不含碳。海绵铁在下降过程中,不断吸收碳并熔化,最后得到含碳较高(一般为4%左右)的液态生铁。

高炉内生铁形成(除了硅、锰、磷和硫等元素的渗入)的主要特点是必须经过渗碳过程。碳可与铁形成固熔体和化合物。

高炉内渗碳,第一阶段是固体金属铁的渗碳。在高炉炉身的中上部位,有少量金属铁出现的固相区域。第二阶段为液态铁的渗碳。这是在铁滴形成之后,铁滴与焦炭直接接触,由于液体状态下与焦炭接触条件得到改善,加快了渗碳过程,生铁含碳立即增加到2%以上,到炉腹处的金属铁已含有4%左右的碳了,与最终生铁的含碳量差不多。第三阶段为炉缸内的渗碳过程。炉缸部分只进行少量渗碳,一般渗碳量只有0.1%~0.5%。

高炉炉渣的形成及其在高炉冶炼过程中的作用

高炉生产过程要从铁矿石中还原出金属铁,还原出的铁与未还原的氧化物和其他杂质都能熔化成液态,并能分开,最后以铁水和渣液的形态顺利流出炉外。

炉渣成分的来源主要是铁矿石中的脉石及焦炭(或其他燃料)燃烧后剩余的灰分。它们大多以酸性氧化物为主,在高炉中形成一些黏稠的物质,造成渣铁不分,难以流动,因此必须加入碱性助熔物质,如石灰石、白云石等作为熔剂,在高炉内熔化,形成流动性良好的炉渣。渣与铁水的密度不同(铁水密度6.8~7.0,炉渣为2.8~3.0),渣铁分离而畅流,高炉正常生产。

高炉炉渣应具有熔点低、密度小和不溶于铁水的特点,渣与铁能有效分离获得纯净的生铁。

煤气与炉料在相对运动中,前者将热量传给后者,炉料在受热后温度不断提高。矿石中的氧化物逐渐被还原,而脉石部分首先是软化,而后逐渐熔融、熔化、滴落穿过焦炭层汇集到炉缸。石灰石在下降过程中受热后逐渐分解,到1 000℃以上区域才能分解完毕,分解后的CaO参与造渣。焦炭在下降过程中起料柱的骨架作用,一直保持固体状态下到风口,与鼓风相遇燃烧,剩下的灰分进入炉渣。

现代高炉多用溶剂性熟料冶炼,一般不直接向高炉加入熔剂。在烧结(或球团)生产过程中溶剂已先矿化成渣,大大改善了高炉内的造渣过程。

炉渣脱硫能力的影响因素

在一定冶炼条件下,生铁的脱硫主要通过如何提高高炉炉渣的脱硫能力来实现。影响高炉炉渣脱硫能力的因素有以下几方面:

炉渣化学成分的影响。渣中 SiO_2 增加,会降低炉渣脱硫能力。MgO 与 MnO 均是碱性氧化物,可降低炉渣熔点,降低黏度,有利于脱硫反应。

炉渣温度对脱硫的影响。高温会提供脱硫反应所需的热量,加快脱硫反应速度。

炉渣黏度对脱硫的影响。降低炉渣黏度,改善 CaO 和 CaS 的扩散条件,都有利于去硫。

高炉强化冶炼

强化高炉冶炼,一方面要提高冶炼强度,另一方面要努力降低焦比。

必须重视开发和采用高炉炼铁新技术。国内外高炉强化冶炼普遍采用精料、高压操作、高风温、喷吹、富氧、综合鼓风和自动控制等技术,促进了高炉生产的发展。

喷吹燃料是继高炉使用熟料(人造富矿)之后炼铁技术的又一重大发展。喷吹燃料的主要目的是以其他形式的廉价燃料代替宝贵的冶金焦炭,降低焦比。

炼钢的基本任务

炼钢的基本任务是脱碳、脱磷、脱硫、脱氧,去除有害气体和非金属夹杂物,提高温度和调整成分。采用的主要技术手段为供氧、造渣、升温、加脱氧剂和合金化操作。

钢中磷的含量高会引起钢"冷脆",即从高温降到 0℃ 以下,钢的塑性和冲击韧性降低,并使钢的焊接性能和冷弯性能变差。硫对钢的性能会造成不良影响,钢中硫含量高,会使钢的热加工性能变坏,即造成钢的热脆性。

硫还会明显降低钢的焊接性能,引起高温龟裂。

在吹炼过程中,由于向熔池供入了大量的氧气,这样当达到吹炼终点时,钢水中含有过量的氧,必须进行脱氧。

钢中的非金属夹杂按来源可以分成外来夹杂和内生夹杂。外来夹杂包括四个方面:脱氧时的脱氧产物;钢液温度下降时,硫、氧、氮等杂质元素溶解度下降而以非金属夹杂出现的生成物;凝固过程中因溶解度降低、偏析而发生反应的产物;固态钢相变溶解度变化生成的产物。

钢的分类

(1) 按化学成分分类。按是否加入合金元素可将钢分为碳素钢和合金钢两大类。碳素钢是指钢中除含有一定量为了脱氧而加入的硅和锰等合金元素外,不含其他合金元素的钢。合金钢是指钢中除含有硅和锰作为合金元素或脱氧元素外,还含有其他合金元素,如铬、镍、钼、钛、钒、铜、钨、铝、钴、铌、锆和稀土元素等,有的还含有某些非金属元素,如硼、氮等。按钢中所含有的主要合金元素不同可分为锰钢、硅钢、硼钢、铬镍钨钢、铬锰硅钢等。

(2) 按冶炼方法和质量水平分类。按炼钢炉设备不同可分为转炉钢、电炉钢、平炉钢。按脱氧程度不同可分为沸腾钢、镇静钢和半镇静钢。利用电炉冶炼的都是镇静钢。沸腾钢的特点是钢中含硅量很低,适用于模铸,其表面质量和深冲性能好,但偏析大,性能不均匀。镇静钢模铸组织致密、偏析小、质量均匀,优质钢和合金钢一般都是镇静钢。按质量水平不同可分为普通钢、优质钢和高级优质钢,这主要是针对钢中硫、磷和其他杂质元素的含量要求划分。

(3) 按用途分类。可大致分为结构钢、工具钢、特殊性能钢三类。结构钢是目前生产最多、使用最广的钢种。它包括碳素结构和合金结构钢,主要用于制造机器和结构的零件及建筑工程用的金属结构等。碳素结构钢是指用来制造工程构件和机械零件用的钢,其硫、磷等杂质含量比优质钢高些,产量大,用途广。合金结构钢是在优质碳素结构钢的基础上,适当加入一种或数种合金元素,用来提高钢的强度、韧性和淬透性。工具钢包括碳素工具钢、合金工具钢及高速工具钢。特殊性能钢是指具有特殊化学性能或力学性能的钢,如轴承钢、不锈钢、弹簧钢、高温合金钢等。

炼钢用的原材料

炼钢原料分为金属料、非金属料和气体。金属料有铁水、废钢、生铁、合金钢、海绵铁；非金属料由造渣剂（石灰、萤石、铁矿石）、冷却剂（废钢、铁矿石、氧化铁、烧结矿、球团矿）、增碳剂和燃料（焦炭、石墨、煤块、重油）组成；氧化剂为氧气、铁矿石、氧化铁皮。

金属料铁水是转炉炼钢的主要原料，铁水的化学热和物理热是转炉炼钢的主要热源。废钢在转炉和电炉炼钢中均使用，氧气顶吹转炉用废钢量一般是总装入量的 10%～30%。

生铁主要在电炉炼钢中使用，其主要目的在于提高炉料或钢中的碳含量，并解决废钢来源不足的困难。

海绵铁是用氢气或其他还原性气体还原精矿而得。电炉炼钢直接采用海绵铁代替废钢铁料，以海绵铁为炉料还可以减少钢中的非金属夹杂物及氮的含量。铁合金用于调整钢液成分和脱除钢中杂质。

非金属料石灰是碱性炼钢方法的造渣料，主要成分为 CaO，是由石灰石煅烧而成，是脱磷、脱硫不可缺少的材料，用量比较大。

电炉炼钢冶炼工艺

现代电炉冶炼已从过去包括熔化、氧化、还原精炼、温度和成分控制和质量控制的炼钢设备，变成仅保留熔化、升温和必要精炼功能（脱磷、脱碳）的化钢设备，而把那些只需要较低功率的工艺操作转移到钢包精炼炉内进行。钢包精炼炉完全可以为初炼钢液提供各种最佳精炼条件，可对钢液进行成分、温度、夹杂物、气体含量等的严格控制，以满足用户对钢材质量越来越严格的要求。尽可能把脱磷甚至部分脱磷提前到熔化期进行，而在熔化后的氧化精炼和升温期只进行碳的控制，以及不适宜在加料期加入的较易氧化而大量大块铁合金的熔化，对缩短冶炼周期、降低消耗、提高生产率特别有利。

电炉采用留钢留渣操作，融化一开始就有现成的熔池，辅之以强化吹氧和底吹搅拌，为提前进行冶金反应提供良好的条件。现代电炉冶炼工艺如下：

（1）快速熔化和升温操作。当今电弧炉最重要的功能。为了在尽可能短的时间内把废钢熔化并使钢液温度达到出钢温度，在电炉中一般采用以下操作手段,即以最大可能的功率供电,氧—燃烧嘴助熔,吹氧助熔和搅拌,底吹搅拌,泡沫渣,以及其他强化冶炼和升温等技术,为炉外精炼提供成分、温度都符合要求的初炼钢液。

(2) 脱磷操作所采取的主要工艺。强化吹氧和氧—燃助熔,提高初渣的氧化性;提前造成氧化性强、碱度较高的泡沫渣,并充分利用熔化期温度较低的有利条件,提高炉渣脱磷的能力;及时放掉磷含量高的初渣并补充新渣;采用喷吹操作强化脱磷;采用无渣出钢技术。

(3) 脱碳操作。电炉配料采用高配碳,碳先于铁氧化可减少铁的损失,渗碳作用使废钢加速熔化;碳—氧反应利于早期脱磷,有助于泡沫渣的形成,加速升温过程。

(4) 合金化。现代电炉合金化一般是在出钢过程中在钢包内完成,那些不易氧化、熔点又较高的合金(如 Ni、W、Mo 等铁合金)可在熔化后加入炉内。

(5) 温度控制。良好的温度控制是顺利完成冶金过程的保证。

(6) 泡沫渣操作。利用向渣中喷碳粉和吹入氧气产生一氧化碳气泡,通过渣层使炉渣泡沫化。

煤的洗选加工

原煤的洗选加工

原煤灰分高,灰分是存在于煤中的主要有害杂质。炼焦时煤的灰分对焦炭质量影响很大,炼焦炭时,其灰分每降低 1%,则高炉焦炭消耗量可节约 2.2%～2.3%。同时,高灰分的煤增大运输量,如果每年有 2 亿吨煤炭需要经过铁路运输的话,当煤的灰分增加 1%,大约每年就得多装 300 万吨矸石,需要 6 万多节 50 吨的车皮,这是十分惊人的浪费。

煤燃烧时,矿物质(灰分)不仅不产生热量,而且会吸收一部分热随炉灰排出。

硫也是十分有害的杂质,不仅炼焦用煤要求低硫炼焦,即使作为燃料使用,煤中的硫也是有害的,因为煤中硫的 80% 是可燃的,燃烧时产生 SO_2、SO_3 和 H_2S 等有害气体,排入大气,污染环境,造成公害。

原煤洗选的主要任务：降低煤的灰分，使混杂在煤中的矸石、煤矸共生的夹矸煤与煤炭按其相对密度、外形及物理性质方面的差别加以分离；降低原煤中的无机硫含量。如煤中的黄铁矿硫（FeS_2），它以单体混杂在煤中且相对密度很大，在重力洗选过程中，容易将其去除。通过洗选加工以满足各种不同用户对煤炭质量指标的要求。

利用煤与矸石的物理性质差别选煤

利用煤与矸石物理性质的差异，表现了不同选煤工艺的特点。

根据煤块和矸石块的颜色、光泽及外形上的差别来进行分选，即为人工拣矸（手选），可以排除粒度在 50 毫米以上的大块矸石。

利用相对密度的不同进行重力选煤。烟煤的相对密度在 1.2～1.5 之间，而矸石的相对密度在 1.8 以上，这样在重力选煤机中，可将煤与矸石分离。利用煤粒表面与矸石粒表面润湿性的差别，采用浮游选煤法，使粒度小于 0.5～1.0 毫米的物料达到分离。

在特殊选煤工艺中，利用煤与矸石电导率或磁导率的不同而进行静电选（用于煤尘）、电力拣矸（用于块煤）及磁力选煤，利用放射线对煤和矸石穿透能力不同而采用的放射性同位素选煤和 X 射线选煤，还有利用煤和矸石在摩擦系数、硬度、弹性等方面的差别而设计的各种选煤工艺。

洗煤及其主要产品和副产品

以水或水与矿物组成的悬浮液为介质，进行重力选煤的过程称为洗煤。这种洗煤工艺，可以分选粒度由数百毫米到 0.5 毫米，甚至 0.2 毫米的煤炭，所以应用极广。湿法重力洗煤根据其采用设备的不同，又可分为跳汰洗煤、流槽洗煤、摇床洗煤、重介质洗煤、旋流洗煤等五种。

洗煤厂的主要产品是精煤，按照用户对精煤质量指标的要求，提供精煤产品，供焦化、汽化及液化工业使用。

洗煤厂的副产品有中煤、煤泥和煤尘。中煤是由夹矸石、净煤和矸石组成的混合产品，可以作动力用煤和生活用煤。煤泥和煤尘都是粒度在 1 毫米以下的细粒煤炭，煤尘是干的，而煤泥含有较高的水分，可作动力或民用燃料。

洗后矸石是洗煤厂的废物。

洗选炼焦用煤的基本工艺

洗选炼焦用煤的基本工艺,原煤首先用筛孔为100毫米的分级筛分级,100毫米以上的筛上块煤经检查性拣矸后破碎至100毫米以下,然后与分级筛的筛下末煤在一起,送入主洗机跳汰。主洗机选出精煤、中煤和矸石三种产物,中煤破碎到13毫米以下后,送入再洗机再次跳汰,选出精煤,最终为中煤和矸石。主洗机和再洗机的溢流精煤进入分级筛去分级、脱水,100~13毫米的筛上块煤直接装仓,筛下末煤与水一起落入带有脱水斗子机的捞坑中,由斗子机提出的精煤因含有大量煤泥,须经筛孔为0.5毫米或1毫米的筛子脱泥,然后用离心机脱水。

脱泥筛的筛下物和离心机的滤液含有大量的粗粒煤泥,用煤泥筛将0.5毫米以上的筛上物掺入精煤中。对煤泥经浮选后,得到泡沫产品和尾煤,泡沫产品用真空过滤机脱水,过滤后的煤饼掺入精煤中。

在精煤脱泥筛、煤泥筛及调和槽等处喷洒清水和稀释用水,以补充洗煤过程中水的损失。

煤炼焦的基本过程

煤在隔绝空气的条件下加热时,发生一系列物理变化和化学反应,这是一个十分复杂的过程。在这一过程中产生的主要产品有固态焦炭或半焦、气态煤气和液态焦油。这种煤的热解过程称为干馏或热分解。按热分解最终温度的不同,干馏分为低温干馏(500~600℃)、中温干馏(700~800℃)、高温干馏(950~1 050℃)。煤的高温干馏又称为煤的炼焦。

具有黏结性的烟煤热解的基本过程分三个阶段:

第一阶段:煤的干燥脱吸阶段。常温至120℃前,煤脱水、干燥;120~200℃,释放出微孔中的气体,如CH_4、CO_2、CO 和 N_2 等,是一个脱吸过程;200~300℃,煤开始分解,生成CO_2、CO、H_2S,同时释放出结晶水及微量焦油。

第二阶段:以解聚为主的热分解。300~450℃煤剧烈分解、解聚,析出大量焦油和气体,生成气、液、固三相为一体的胶质体,使煤发生软化、熔融、流动和膨胀;450~550℃温度范围内,胶质体分解、缩聚固化成半焦。

第三阶段:该阶段以缩聚反应为主,半焦转变成焦炭。550~750℃,半焦分解出大量气体,主要是H_2和少量CH_4,随着温度升高和气体的析出,半焦将形成裂纹;750~1 050℃,半焦进一步分解,继续析出少量气体,主要是氧气,分解的残留物进一步缩聚,不断增长,排列规则的半焦转化为具有一定强度和块度的焦炭。

煤在高温干馏过程中获得的主要产品

无论是冶金企业中的焦化厂,还是化工企业中的焦化厂,或是城市煤气的气源厂,通过对烟煤进行干馏常温至950~1 050℃,可以获得以下优质的焦炭、焦炉煤气及其宝贵的化工产品。

固状产品焦炭:冶金用焦、铸造用焦、铁合金用焦、气化用焦。

液态产品粗焦油加工:工业萘或精萘、粗酚或精酚、粗蒽或蒽油、喹啉、嘧啶、沥青。

荒煤气冷却、净化、回收:净煤气、硫酸铵或氨的其他产品、硫化物(制取H_2SO_4)、粗苯(纯苯、甲苯、二甲苯)。

煤的氧化和自燃

煤在贮存过程中,时间过长,受空气中氧的作用,会发生一系列化学反应,引起煤堆温度升高,氧化产生的热量逐步积累,使温度升高到煤的燃点,则会引起煤的自燃。贮存过程中的这种现象称为煤的氧化和自燃。

焦炭的分类

炼焦炉生产的焦炭,根据用户的需要一般分为六类。

(1)冶金焦。高炉炼铁用冶金焦,约占焦炭总产量的90%以上,对焦炭质量要求最高。目前,我国大型高炉用焦炭为大于40毫米的大块焦,中小型高炉用大于25毫米的块焦。

(2)铸造用焦炭。铸造工业用焦炭主要用作化铁炉的燃料。为提高化铁炉的熔炼温度,要求焦炭块度大而均匀。我国铸造焦炭标准要求块度大于60毫米以上。

(3)铁合金冶炼用焦。铁合金用焦的性能要求主要由其生产工艺特性所决定,要求焦炭的比电阻及化学活性要好。

(4)气化用焦。气化工业用焦多数用于制造发生炉煤气和水煤气。作为燃料气或合成氨的原料气,它要求焦炭有较好的反应性能,可以使用气孔率大、耐磨性差的小块焦。

(5)电石生产用焦。焦炭在生产电石的电弧炉中作导电体和发热体。电石用焦加入电弧炉中,在电弧热和电阻热的高温作用下(1 800~2 200℃),和石灰石发生复杂的反应,生成熔融状态的碳化钙,即电石。

(6)其他用焦。主要用于冶炼有色金属和生产钙、镁、磷肥等。

我国炼焦炉的发展阶段

我国炼焦炉的发展是随着钢铁工业、化学工业的发展而发展起来的。炼焦炉是将煤料制成焦炭的大型工业炉组,其发展大体分为4个阶段,即成堆干馏和窑式炉(即蜂窝焦炉)、导焰炉、废热式焦炉、现代蓄热室焦炉。

最初的炼焦方式是煤的成堆干馏,此后又出现了窑式炉炼焦。这种炼焦方式靠干馏的煤气和一部分煤直接燃烧,将煤料加热,炼成焦炭,所以焦炭产率低、灰分高、成熟不均匀。

经过发展,出现了炼焦和加热完全分开的窑炉,干馏煤气可直接进入燃烧室中燃烧,间接加热煤料,这种窑炉即为导焰炉。因煤未被直接燃烧,所以焦炭产量得到提高,灰分下降。

随着化学工业的发展,找到焦油的用途,便开始出现了废热式焦炉。其特点是,煤气用抽气机吸出,经回收设备分离出焦油后,再压送到燃烧室燃烧。燃烧产生的高温废气直接进入烟囱排走。

现代蓄热室焦炉,就是将燃烧室产生的高温废气,通过蓄热室换热并加热成燃烧用煤气和空气。由于废热的回收,大大提高了焦炉的热工效率。蓄热室焦炉所产生的焦炉煤气,用于自身加热只需50%左右,其余作为气体燃料,供其他方面使用。

煤的气化

煤的气化是利用气化剂将煤及其干馏产物(如半焦、碎炭、焦炭的有机物)最大限度地转变为煤气的过程。所用的气化剂为水蒸气、空气(或氧)、氢气及其他物质的结合氧。将煤中的碳转化为可燃性气体是一个热化学的过程,这一过程称为煤的气化。

煤气化后,必须进行煤气的净化,除去煤气中夹带的粉尘并脱硫脱氧,以适合各种用户的需要。

煤的气化工艺发展方向

随着现代科学技术的发展,煤的气化工艺发展的方向主要有以下几个方面:

(1) 利用氧作气化剂。氧作气化剂时,生产强度大,煤气质量好,气化效率高,技术上较易掌握。

(2) 提高造气压力。加压气化可提高气化强度、节省劳动力,便于远距离输送。

(3) 增大炉子直径和容积,提高单产气量。

(4) 增大原料煤适应范围,尤其是发展粉煤造气。

(5) 使发电与生产价廉低热值煤气相结合,发展燃气透平和循环发电。

(6) 利用核能制气,扩大能源范围,提高煤的利用率。

煤的液化

将固体燃料煤加工成液体燃料的过程称为煤的液化,主要是将煤中的 H/C 原子比调整到合适的数值。不同煤和其他几种燃料或纯化合物的 H/C 原子比见下表。

几种燃料或化合物的 H/C 原子比

燃料或化合物	H/C 原子比	燃料或化合物	H/C 原子比
甲烷	4.0	甲苯	1.1
天然气	3.5	苯	1.0
乙烷	3.0	高挥发分 B 烟煤	0.8
丙烷	2.7	高挥发分 A 烟煤	0.8
丁烷	2.5	褐煤	0.7
汽油	1.9	中挥发分烟煤	0.7
石油原油	1.8	无烟煤	0.4

从表中可以看出，气体燃料的 H/C 原子比较大，液体燃料次之，固体燃料的 H/C 原子原子比最小，所以煤的转化过程相对于原料煤而言大大提高产品的 H/C 原子比。除此之外，必须降低煤液体中杂质原子的含量，除去煤中的矿物质合成原油中存在的矿物质也必须在精制和利用之前预热清除。

煤液化的方法

煤液化的方法有以下几种：
(1) 除碳——热解和熔剂萃取法，使残碳留在热解或萃取残渣中。
(2) 加氢——直接或间接、加或不加催化剂法。
(3) 煤的完全分解和各种原子的重新组合。

煤液化的工艺过程主要包括煤的粉碎、干燥、加混合油调制成煤糊、加氢液化、固液分离、加氢分解及蒸馏。

在工业上煤的液化一般是分两步进行的：一是用廉价的催化剂将煤转化成一种液体，这种催化剂通常采用赤泥和硫酸铁；二是将所获得的轻质馏分油按加氢裂解反应进行改质，使用的催化剂为钴或镍的硫化物。

煤直接加氢液化的方法即为煤—氢液化法。对煤经过干燥和粉碎后，再与煤衍生循环油制浆，然后将煤浆打入高压反应器，在反应器中煤在高温、高压下加氢被氧化。

通过高速和低压反应，烟煤能高收率地制取油品，由含硫 3.4% 的煤得到了含硫 0.5% 以下的油，生成油的 75% 类似于原油。

煤的综合利用

我国是最早开采煤和使用煤的国家，早在战国时期就发现了煤并利用煤的热能取暖。西汉时期（公元前 100 多年）已应用煤来炼铁，这比欧洲约早 1 700 多年。

我国煤炭资源丰富，煤种齐全，分布于各省，适用于各种工业用途。对煤炭的综合利用问题，是当前乃至今后发展的一个主要方向，如果以煤炭作为燃料的价值为 1，则加工成煤焦油能增值 10 倍，加工成塑料能增值 90 倍，合成染料能增值 375 倍，制成药品可增值 750 倍，而制成合成纤维增值高达 1 500 倍。

开展煤炭的综合利用是消除公害、保护环境的有效途径,煤炭加工所产生的煤灰、煤渣废气、废液都可以得到合理的处理和利用。

煤炭的综合利用将促进煤炭利用技术的不断创新,如煤的快速热解和超高温热解等,将促进煤的直接化学加工工业和碳素制品工业的发展。

由于煤是一种以芳香核结构为主、具有烷基侧链和含氧、含氮、含硫基因的高分子化合物,以这种特殊结构的煤作为原料可以得到很多石油化工较难得到的产品,如萘、酚类等,从煤中可以独特地制得一些带有五环的化合物如茚、苊蒽、晕苯等稠环化合物。另外,煤炭可以生产大量的烯烃和烷烃制品,以补充石油原料的不足。

煤层中瓦斯和煤成气田的形成与开采利用

煤层内瓦斯绝大多数是在煤化过程中形成的。在自然条件下,如煤层围岩不透气时,每吨煤在其形成过程中约发生600～700米^{3}的瓦斯。研究植物成煤的物料平衡表明,煤在变质过程中析出大量气态烃,其中绝大部分是甲烷(70%～96%),生成1吨褐煤可产生甲烷68米^3,生成1吨肥煤、瘦煤、无烟煤分别可产甲烷230米^3、330米^3、400米^3。

在泥类转变为褐煤阶段,当埋深小于1 000米、地温低于50℃时,可产生甲烷和C_2、C_3的液态烃。随着埋深的增加,地温升高到50～160℃时,煤化作用处于气煤到肥煤的阶段,这不仅是产生大量甲烷而且在中晚期也是大量出油的阶段。埋深达6 000～7 000米、温度超过160～200℃时,煤转化为无烟煤,复杂的烃类受到破坏,只能产生甲烷而不能产生石油。

成煤过程产生的瓦斯主要为煤田瓦斯和天然气田。保留在煤层中的部分,含量大,呈吸附状态,在煤层调焦不发生变化时,难以释放;从煤层中转移出来积存在围岩中的部分,一般积存的范围和贮气量都较小,多呈局部。现今在煤开采过程中涌出的瓦斯,称为煤田瓦斯,如空气中混有5.3%～14.0%浓度的甲烷时遇火就能燃烧并产生瓦斯爆炸。为保证采煤生产的安全,煤矿在正常开采时,煤层和围岩中的瓦斯将由巷道、回采工作面和采空区排出,最后从总回风流中排出井外。集聚到气藏中的瓦斯,则称天然气田。

煤田瓦斯和天然气是一种质地优良的气体燃料,目前开发煤田瓦斯的主要方法是负压抽放:在井下巷道中向含瓦斯煤岩或围岩打钻孔,再通过管道连接,由地面站的抽气机抽出,送入瓦斯罐中,供用户使用。

煤灰渣(粉煤灰)的综合利用

煤灰渣是一种不均匀的金属氧化物的混合物,大致分为三类:

第一类灰渣:其燃烧温度在 1 000 ℃ 左右,这种灰渣中氧化物的结晶水已去除,$CaCO_3$ 已分解为 CaO 和 CO_2,但矿石成分的晶体结构几乎没有变动,灰渣表面熔化约为 20%。这种灰渣的活性差,在建筑中几乎不能使用,只能铺路制砖或用于低标准的混凝土掺和料。

第二类灰渣:其燃烧温度在 1 200～1 400 ℃,结晶水已排除,矿石大部分已熔解,石膏已完全转化为矸,飞灰粒度与水泥相同,但与 $Ca(OH)_2$ 的反应已相当缓慢,要经过较长时间的硬化后才具有较高的强度。这类灰渣在某些情况下可部分用作水泥原料。

第三类灰渣:其燃烧温度在 1 500～1 700 ℃,全部矿石均熔化,飞尘粒度比水泥更细,比表面约为 5 000 厘米^2/克。这种灰渣和 $Ca(OH)_2$ 反应较好,其活性较高,可用作水泥原料。

利用含煤灰(60%～70%)和煤矸石(30%～40%)的粉煤烧结砖,重量轻,抗压强度高,抗碎性能好,是一种好的建筑材料。

用灰渣制成的人造骨料重量轻,隔热性能好,可以制成轻质混凝土构件,减轻建筑物的自重。

石油的加工炼制

石油的加工历史

石油加工也就是石油炼制,其发展大体经历了以下几个阶段。

第一阶段:人们开始工业化利用石油的初级阶段,主要是生产家用煤油,只有少量的汽油用于当时非常昂贵的奢侈消费——汽车用油。

第二阶段:20 世纪初,汽车工业的发展和第一次世界大战对汽油的需求量猛增,采用热裂化技术从较重的馏分或重油中获得更多的汽油。

第三阶段:20 世纪 30 年代末、40 年代初,催化裂化技术的出现大大提高了石油加工过程中的汽油产量,并逐渐成为当时生产汽油的主要手段。与此同时,汽车工业的发展也促进了润滑油生产技术有较大的发展。

20世纪50年代,为了满足汽车对于汽油抗爆性的要求,出现了铂重整技术,促进了催化重整技术的大发展。催化重整技术的发展,使得炼油过程中副产大量的纯度较高的廉价氢气,也促进了一种新的产品精制技术的诞生——加氢精制。

原油的输送工艺

原油输油管道因其输送距离长、管径大、输量高、经济、安全、稳定等原因,在各国的原油运输中的比重越来越大。原油的输送系统由输油站和管路两部分组成,输油站分为首站、若干中间加压站、若干中间加热站及末站,其任务是供给油流一定的压力能和热能,将原油安全、经济地输送给用户。管路上每隔一定距离设有为减少事故危害、便于抢修、可紧急关闭的若干截断阀室以及阴极保护站。

若输送原油的黏度和凝固点比较低,可以采用不加热直接输送的方式。具有较高凝固点和黏度的原油,就需要经过加热或加剂后输送或者经过改性,采用不加热的常温输送方式。

我国生产的原油多数是高含蜡、高凝固点、高黏度原油,常采用加热输送工艺,另外还有常温输送及其他输送工艺。

(1) 加热输送工艺。加热输送是指将原油加热后进入管道加压输送,通过提高原油输送温度降低其黏度,来减少管路摩阻损失。

(2) 常温输送工艺。对于高含蜡原油管道输送,通常采用化学添加剂(降凝剂或流动改进剂、蜡晶抑制剂)、进行热处理、用轻烃馏分稀释原油、用水做成乳化液或形成水环等方式降低原油的黏度和凝固点,以达到常温输送的目的。

(3) 热处理输送工艺。将原油加热到一定的温度,使原油中的石蜡和胶质—沥青质溶解分散在原油中,再以一定的温降速率和方式(动态或静态)将原油冷却下来。在石蜡的重结晶过程中,胶质—沥青质的作用,改变了蜡晶的形态、结构和强度,从而改善了原油的低温流动性,使原油在低温条件下的等温输送或低温度条件下的常温输送成为可能。

（4）加剂输送工艺。原油管道内所添加剂主要有两种：一种叫降凝剂，也称流动改进剂；另一种叫减阻剂。前者可以降低原油的凝点、黏度、屈服值和结蜡强度，改善原油的低温流动性能，达到不加热输送的目的；后者可以解决管道阻力问题，提高管道的输送量。

（5）稀释输送工艺。此为在原油中加入石油产品、液化石油气或低黏度原油等烃类稀释剂，以改善原油流动性的输送方式。

石油的加工

石油是由多种碳氢化合物组成的，直接利用的途径很少，若只用作燃料来烧锅炉，将是很大的浪费。将石油加工成不同的产品，可以充分发挥其效能。把预处理后的原油送到炼油厂进行加工，可以生产出汽油、煤油、柴油、润滑油及沥青等。生产燃料用油的石油炼制流程中有四类装置，即蒸馏、裂化、焦化和精制装置。生产润滑油的装置主要有四个，即丙烷脱沥青、溶剂脱蜡、溶剂精制和白土精制。

石油没有固定的沸点。一般石油的沸点范围在 $30\sim600℃$ 左右。它是不同沸点的、大大小小的烃混合在一起的混合物，烃的沸点随碳数增加而增高。例如，含有 5 个碳的烃（戊烷），只要加热到 $36℃$ 就沸腾；而含有十二个碳的烃（十二烷），则要加热到 $216℃$ 才能沸腾。这样，把石油加热后，就能按各类烃沸点高低不同依次蒸发出来。加工石油的炼油厂，就是利用石油的这个特点，而使大量石油经历不同温度的过程，就能得到不同的产品了。

炼油厂都有一个高瘦和一个矮胖的两个直立着的设备，这就叫蒸馏塔。高瘦者叫常压分馏塔（简称常压塔）；矮胖者叫减压分馏塔（简称减压塔）。石油经过加热炉后送入减压塔，这个过程在炼油厂就叫蒸馏过程。

在通常情况下，石油被加热到 $350℃$ 送入常压塔，其中沸点较低的烃，即被汽化上升，经过一层一层的塔盘直达塔顶。由于塔体的温度由上而下是逐渐降低的，所以，当石油蒸气自上而下经过塔盘时，不同的烃就按各自沸点的高低分别在不同温度的塔盘里凝结成液体。这样，就使得石油"大家庭"中的烃成员实现了第一次"分家"。留在塔底的是没有被汽化、沸点在 $300℃$ 以上的重油。对于常压塔底的重油，因为它们都是一些沸点很高的烃类，如果在常温下进一步提高温度，也可以把它们分解开来。设法降低加热炉和分馏塔里的压力,使重油的沸点降低,进一步给重油烃"成员"分家,进而获得了润滑油产物。由于这部分产物蜡含量较高,所以又叫蜡油。

从蒸馏过程得到的产物,通常称为直馏产品,这是将石油经第一次加工所获得的第一代产品。这些产品的数量有限。从中国的石油组分来说,一般可获得25%～40%的直馏轻质油品和20%～30%的蜡油。蒸馏剩下的渣油,虽然可供锅炉、电站等当燃料,但显然没有合理充分地利用宝贵的石油资源。

为了从石油中获取更多的轻质油,也为了提高油品质量、增加产品的品种,采用第一个途径裂化方法会使石油组分中增加许多低分子烃的新成员,这不仅可增加轻质油产量,而且是当今石油化工业制取烯烃的重要途径。例如,轻烃、石脑油和轻柴油裂解就可得到乙烯和丙烯、丁二烯和芳烃等化工产品和基础化工原料。

第二个途径是改变石油产品中烷烃、环烷烃、芳烃的比例,通过调和生产出不同用途的产品,以提高产品质量。

第三个途径是清除加工过程所得产物中的有害成分,以提高产品质量,这在炼油厂叫精炼。

第四个途径是通过对石油"大家庭"中的烃,采用有"分"有"合"的方法,获得大量而重要的化工原料和产品。

石油常减压精馏加工工艺

常减压装置的原油加工过程是一个典型的物理加工过程,是将原油中的不同组分按其沸点进行切割的过程。

常减压装置是炼油厂的龙头装置,原油首先经过电脱盐装置对原油进行脱盐、脱水的净化处理。

经过电脱盐装置的原油首先经过换热器进行换热(见图),然后进入常压炉加热,被加热的原油由常压塔的中下部进入常压塔进行常压分馏,塔顶产品为液化气和轻汽油,其次是汽油、煤油,轻柴油和重柴油从不同的侧线抽出,塔底为常压渣油。

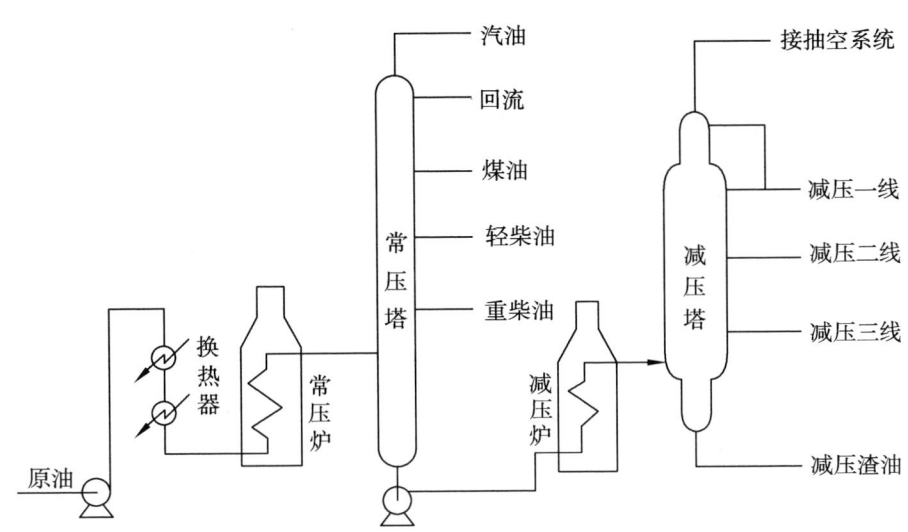

原油常减压蒸馏流程

为保证各馏出口产品的质量要求,各侧线都设有回流和换热器。常压塔的产品控制主要通过各敏感点的温度、压力和回流量进行控制。

常压塔的塔顶温度一般控制在不大于130℃。塔上部第一条侧线抽出馏分的温度控制一般为130~230℃,该组分主要是汽油和煤油馏分。第二条侧线一般为柴油馏分,控制温度一般为230~350℃。第三条为重柴油馏分(或称为常压蜡油馏分),控制温度为350~500℃,该侧线各厂的温度设置不同,主要取决于后续加工装置的结构配置,有些装置为了最大限度地获取蜡油,温度甚至可以达到530℃。

常压渣油经过减压炉进一步加热后由减压塔下部进入,在塔顶抽真空的条件下进行分馏。一般根据炼油厂加工的原油性质不同和产品不同,减压塔的侧线产品可以有3~5个,侧线产品一般称为减压蜡油,减压蜡油一般作为催化裂化的原料,或作为酮苯脱蜡装置生产润滑油的原料。减压五线一般作为氧化沥青装置的原料,而塔底的渣油则作为燃料油经调和后供加热炉作为燃料或者作为商品燃料油出场。

石油催化裂化加工工艺

催化裂化是最重要的重质油轻质化过程之一,在汽油和柴油等轻质油的生产中占有很重的地位。催化裂化装置是目前炼油行业中的主要生产装置,也是炼油过程中操作最为复杂的装置之一。

催化裂化反应过程:原料油在500℃左右、0.25～0.4兆帕条件下,与催化裂化催化剂接触,经过裂化反应生成气体、汽油、柴油、重油及焦炭。

目前占绝大多数的催化裂化装置是提升管式催化裂化。催化裂化生产装置一般由四个单元组成:反应—再生系统、分馏系统、吸收—稳定系统和再生烟气能量回收系统。

新鲜原料油经过换热后与回炼油混合,进入加热炉,加热至200～400℃后,至提升管反应器下部的喷嘴,原料油由蒸气雾化并喷入提升管内,在提升管反应器中与来自再生器的高温催化剂(600～750℃)接触,随即气化并迅速发生反应。油气在提升管中停留时间很短,反应产物经过旋风分离器,分离出夹带的催化剂后离开反应器去分馏塔。

分馏系统,由反应器来的反应油气,从分馏塔底部进入,经过底部的脱过热段后,在分馏塔中被分割成几个中间产品:塔顶流出的为富气和汽油,侧线产品则有轻柴油、重柴油和回炼油,塔底产品是催化裂化油浆。轻柴油和重柴油经过汽提后,再经换热器出装置,这时的柴油是催化柴油,不能直接作为成品提供给市场,而是需要进一步加氢精制后才能达到市场的产品标准。

吸收—稳定系统的主要作用是将从分馏塔顶出来的富气和汽油进行吸收、精馏,将它们分离成干气(C_2以下,即不含有液相油气成分)、液化石油气(C_3、C_4)和蒸气压合格的稳定汽油组分。

石油的热加工工艺

石油的热加工过程是指在没有催化剂的条件下,仅仅依靠高温使石油馏分发生裂化反应和缩合反应的过程,这两种反应是同时发生的,裂化反应是吸热反应,缩合反应是放热反应,热加工过程的反应温度一般在400～550℃。这里所说的热加工,主要是延迟焦化工艺和减黏裂化工艺。

热加工过程的原料都是减压渣油,是炼油过程中最重的油。渣油是多种烃类化合物组成的极为复杂的混合物。

热裂化过程多以高沸点馏分油做原料,一般反应温度为470～540℃,反应压力比较高,一般为2～5兆帕的条件下进行几分钟的热反应。反应的主要产物是热裂化汽油,产率为30%～50%,此外还有热裂化气体、热裂化柴油和热裂化燃料油。

延迟焦化是目前炼油企业比较常见的生产装置,它是以渣油为原料,在高温(500～550℃)条件下,进行深度热裂化反应的一种热加工过程。焦化过程的反应产物有气体、汽油、柴油、蜡油和焦炭。

减压渣油在经过焦化过程中,可以得到70%～80%的馏分油。焦化汽油和焦化柴油中的硫、氮等非烃类化合物含量较高,必须经过加氢精制后才能作为合格的汽油、柴油进入市场销售。焦化过程产生的焦炭是非常优质的石墨电极原料。

石油的催化加氢工艺

催化加氢过程主要有两大类:加氢精制和加氢裂化。

加氢精制是在压力比较缓和的状态下(一般压力不超过6.5兆帕),烃分子与氢气在催化剂表面进行裂解和加氢反应,生成分子量较低、饱和度较高的烃类的转化过程。加氢裂化又可分为馏分油加氢裂化和渣油加氢裂化两种。馏分油加氢裂化的原料主要是减压蜡油、焦化蜡油、裂化循环油和脱沥青油等,其主要产品是高质量的轻质油品,如柴油、航空煤油、汽油等。

催化加氢过程的催化剂的主要活性物质是ⅥB族和Ⅷ族中几种金属氧化物和硫化物,其中活性最好的是W、Mo、Co、Cr和Ni,贵金属Pt和Pd等。

加氢精制催化剂的担体有两类:一类是中性担体,主要是氧化铝、活性炭、硅藻土等;另一类为酸性担体,主要是硅铝酸、硅铝镁、活性白土、分子筛等。

石油制品的种类及用途

石油制品有汽油、煤油、柴油、润滑油、沥青、石油焦、石蜡。

(1)汽油。分为车用汽油和航空汽油两种。车用汽油是作为开动各种形式活塞式发动机汽车的动力;而航空汽油则是供装有活塞式发动机的螺旋桨式飞机使用的。

(2)煤油。除了电灯照明外,还在工业上被用作航空煤油和洗涤剂,在农业上用作杀虫剂的溶剂等。

(3)柴油。随着我国农业机械化程度的不断提高,柴油的需要量也越来越大。农村的拖拉机、农用排灌机械、大型载重汽车等压燃式发动机都要用柴油作燃料。

（4）润滑油。凡是运动着的机器，转动着的部件，都离不开起润滑作用的润滑剂。润滑油能使得机器运转灵活，减轻磨损，而且减少了动力能源的消耗。

（5）沥青。沥青具有很好的黏结性、绝缘性、隔热性及防湿、防渗、防水、防腐、防锈等性能，除了铺路外，还有很广泛的用途。在修建房屋时，常用沥青做防水层；修建冷藏库时，常用沥青和木屑混合制成隔热层；铁路枕木上涂上沥青可以防腐；地下管道涂上沥青可以防锈；水库水坝铺上一层沥青可以防渗、防漏；桥梁板面结合处注入沥青，可以起到热胀冷缩的作用；沥青还可以与其他材料混合制成沥青油漆、沥青油毡、沥青橡胶、沥青涂料、沥青绝缘胶等产品。沥青作为绝缘材料和电缆保护层。

（6）石油焦。用于电厂和水泥厂作燃料的石油焦，需要高的热值及良好的研磨性；用于铝厂和钢铁厂或碳素厂作为原料的石油焦，无论是作为阳极糊和人造石墨电极的原料，还是作为生产碳化物的原料，均需要控制其含硫量和挥发分，对于制作电极原料的石油焦还应对金属含量加以控制。

石油化工产品

石油化工的基础原料有 4 类：炔烃（乙炔）、烯烃、（乙烯、丙烯、丁烯和丁二烯）、芳烃（苯、甲苯、二甲苯）及合成气。由这些基础原料可以制备出各种重要的有机化工产品和合成材料。

以天然气为原料的化学工业简称为天然气化工，主要是制炭黑、提取氦气，以及制氢、氨、甲醇、乙炔、氯甲烷、四氯化碳、硝基甲烷、二硫化苯、乙烯、硫黄等。

据资料统计，100 万吨原油加工可产出：乙烯 15 万吨，丙烯 9 万吨，丁二烯 2.5 万吨，芳烃 8 万吨，汽油 9 万吨，燃料油 47.5 万吨。

炼油厂是利用裂变原理对原油进行分离、加工的工厂，既生产各种燃料、化工原料或产品，又生产润滑油。

目前工业中使用的各种原材料，农业中应用的多种化肥，以及我们生活中使用的各种塑料制品都是石油化工产品。化肥中以氮肥在农业生产中用量最大，常用的有尿素、硫酸铵、硝酸铵、碳酸氢铵和氯化铵。以石油为原料还可以制得燃料、农药、医药、洗涤剂、炸药、合成蛋白质及其他合成工业用的原料。

总之，利用现代的石油加工技术，从石油宝库中人们已能获取5 000种以上的产品，可以说石油产品已遍及工业、农业、国防、交通运输和人们日常生活的各个领域。

合成树脂、合成纤维与合成橡胶的生产

（1）合成树脂的生产。在大多数人们的概念中，合成树脂就是塑料。合成树脂是由低分子量的化合物经过化学反应制得的高分子量的树脂状物质，在常温常压下一般是固体，也有为黏稠状液体的。

树脂的特点是质轻，具有耐磨、耐腐蚀、绝缘性好等性能。塑料的主要成分是合成树脂，占总量的40%～100%。生产合成树脂的基本原料常称为单体，单体的性质决定了大分子物质的基本特性，所以在命名和区分树脂时，在单体名称前加个"聚"字，就形成某种树脂或树脂的名称，如聚乙烯、聚丙烯、聚氯乙烯等。有时直接在单体简称的后面加树脂即可，如酚醛树脂、脲醛树脂、环氧树脂等。大多数情况下合成树脂中加有添加剂（也称助剂），这些添加剂常具有特定功能。

合成树脂为高分子化合物，是由低分子原料——单体（如乙烯、丙烯、氯乙烯等）通过聚合反应结合成大分子而生产的。工业上常用的聚合方法有本体聚合、悬浮聚合、乳液聚合和溶液聚合4种：本体聚合是单体在引发剂或热、光辐射的作用下的聚合过程；悬浮聚合是指单体在机械搅拌或振荡和分散剂的作用下的聚合过程；乳液聚合是指借助乳化剂的作用，在机械搅拌或振荡下的聚合；溶液聚合是单体溶于适当溶剂中进行的聚合过程。

（2）合成纤维的生产。合成纤维是以石油、天然气为原料，通过人工合成的高分子化合物经纺丝和后加工而值得的纤维，如涤纶等。合成纤维材料主要供纺织工业用。

根据化学组成，合成纤维可分为聚酰胺纤维、聚酯纤维、聚丙烯腈纤维、聚丙烯纤维、聚乙烯醇纤维等。它们习惯被称为锦纶（或尼龙）、涤纶、腈纶、丙纶、维纶。除上述几种外，常见的合成纤维还有氨纶。

合成纤维的基本原料来源于石油化工产品。炼油厂的重整装置和烃类裂解制乙烯时副产的苯、二甲苯、丙烯,经过加工后制成合成纤维所需原料对苯二甲酸、对苯二甲酸甲酯、对苯二甲酸二乙酯、乙二醇等(统称为单体)。

合成纤维的生产首先是将单体经聚合反应制成纤高聚物,这些聚合反应原理、生产过程及设备与合成树脂、合成橡胶的生产大同小异,不同的是合成纤维要经过纺丝及后加工,才能成为合格的纺织纤维。高聚物的纺丝有熔融纺丝和溶液纺丝等方法,主要取决于高聚物的性能。

熔融纺丝是将高聚物加热熔融成熔体,然后由喷丝头喷出熔体细流,再冷凝而成纤维的方法。熔融纺丝速度高,高速纺丝时每分钟可达几千米。这种方法适用于那些能熔化、易流动而不易分解的高聚物,如涤纶、丙纶、锦纶等。

溶液纺丝又分为湿法纺丝和干法纺丝两种。湿法纺丝是将高聚物在溶剂中配成纺丝溶液,经喷丝头喷出细流,在液态凝固介质中形成纤维。干法纺丝中,凝固介质为气相介质,经喷丝形成的细流因溶剂受热蒸发,而使高聚物凝结成纤维。溶液纺丝速度低,一般每分钟几十米。溶液纺丝适用于不耐热、不易熔化但能溶于专门配置的溶剂中的高聚物,如腈纶、维纶。熔融纺丝和溶液纺丝得到的初生纤维,强度低,硬脆,结构性能不稳定,不能使用,加工处理后才符合纺织加工的要求。

(3)合成橡胶的生产。合成橡胶是由人工合成方法而制得的,采用不同的原料(单体)可以合成出不同种类的橡胶。其中通用橡胶是指部分或全部代替天然橡胶使用的胶种,如丁苯橡胶、顺丁橡胶、异戊橡胶等,主要用于制造轮胎和一般工业橡胶制品。通用橡胶的需求量大,是合成橡胶的主要品种。丁苯橡胶是由丁二烯和苯乙烯共聚制得的,是产量最大的通用合成橡胶,如乳聚丁苯橡胶、溶聚丁苯橡胶和热塑性橡胶。顺丁橡胶是丁二烯经溶液聚合制得的,具有特别优异的耐旱性、耐磨性和弹性,还具有较好的耐老化性能。异戊橡胶与天然橡胶一样,具有良好的弹性和耐磨性,优良的耐热性和较好的化学稳定性。

图书在版编目(CIP)数据

矿产资源/田京祥主编.—济南:山东科学技术出版社,2013.10(2020.10重印)
(简明自然科学向导丛书)
ISBN 978-7-5331-7052-3

Ⅰ.①矿… Ⅱ.①田… Ⅲ.①矿产资源－青年读物②矿产资源－少年读物 Ⅳ.①F407.1-49

中国版本图书馆 CIP 数据核字(2013)第 201423 号

简明自然科学向导丛书

矿产资源

KUANGCHAN ZIYUAN

责任编辑:李宏滨
装帧设计:魏 然

主管单位:山东出版传媒股份有限公司
出 版 者:山东科学技术出版社
　　　　　地址:济南市市中区英雄山路 189 号
　　　　　邮编:250002　电话:(0531)82098088
　　　　　网址:www.lkj.com.cn
　　　　　电子邮件:sdkj@sdcbcm.com
发 行 者:山东科学技术出版社
　　　　　地址:济南市市中区英雄山路 189 号
　　　　　邮编:250002　电话:(0531)82098071
印 刷 者:天津行知印刷有限公司
　　　　　地址:天津市宝坻区牛道口镇产业园区一号路 1 号
　　　　　邮编:301800　电话:(022)22453180

规格:小 16 开(170mm×230mm)
印张:13.25
版次:2013 年 10 月第 1 版　2020 年 10 月第 3 次印刷
定价:26.00 元